L'EXTRA-GENETIQUE

Ce livre a pour but d'apporter une vision rationnelle et différente à celle de la théorie de Charles Darwin et de proposer un modèle plus adéquat en phase avec nos connaissances actuelles. En effet l'évolution et l'adaptation des espèces se vérifient à court-terme sur une période donnée, mais ces vérifications ne sont pas démontrées sur le long et le très long terme. L'hypothèse principale de la macroévolution à savoir le transformisme d'un lézard en mammifère de type souris par exemple n'est pas prouvé scientifiquement ni vérifié archéologiquement.

L'origine de la vie sera donc abordée de manière chronologique en se basant sur les avancées de la science moderne et sur les faits historiques et archéologiques.

En un premier temps nous verrons l'histoire de la vie sur Terre depuis son commencement. Nous verrons en détails les différents fossiles répertoriés et les cinq grandes extinctions de masse.

L'exposition des différentes espèces préhistoriques ayant survécu jusqu'aujourd'hui sera aussi abordée pour faire la comparaison avec le darwinisme et démontrer les conditions où la théorie de l'évolution peut s'appliquer et dans d'autres situations nous verrons certaines incohérences sur le transformisme de macroévolution d'une espèce se changeant en une autre totalement différente.

Par la suite nous arriverons à l'homme moderne avec l'étude anatomique complète de l'homo sapiens et des autres hominidés censés être ses descendants. Les différences au niveau du squelette et de l'ADN seront étudiées par l'examen des différentes caractéristiques corporelles.

Et nous irons ensuite vers l'extra-génétique pour apporter une réponse plus crédible en abordant des cas d'actualité aussi bien au niveau de notre civilisation actuelle que de celle de notre histoire au fil des siècles depuis le commencement.

Selon la version officielle de l'évolution la vie serait apparue il y a plus de trois milliards d'années sous forme d'organisme unicellulaire, telle que les bactéries les levures les planctons et les protozoaires. Plusieurs chercheurs ont tenté de récréer artificiellement une soupe primordiale pour tenter de recréer l'apparition de la vie.

Le premier d'entre eux Friedrich Völher a en effet obtenu de l'urée qui est un déchet azoté à partir d'une substance minérale le cyanate d'ammonium en 1828.

En 1953 Stanley Miller étudiant dans le laboratoire du chimiste Harold Urey cherche à reproduire les conditions d'atmosphère primitive : il utilise donc un appareil lui permettant de faire un mélange gazeux, d'eau, et d'ammoniaque, de méthane et d'hydrogène sous l'impulsion d'une charge électrique. Le résultat de cette expérience produit 10 acides aminées c'est-à-dire moins de la moitié du nécessaire pour produire une protéine qui nécessite 22 acides aminés la base d'une cellule vivante.

En 1961 Juan Oro au Texas fut de nouveau l'expérience en utilisant de l'acide cyanhydrique dans l'eau après tétramérisassions il obtint des bases puriques adénine et guanine.

A ce jour aucune autre expérimentation n'a réussi à obtenir la formation d'une protéine à partir d'une soupe pré-biotique simulée.

L'argument voulant affirmer de façon autoritaire que la vie descend d'une soupe pré-biotique est totalement invalidé car aucune expérience n'a réussi à synthétiser le moindre ADN et encore moins de créer un organisme unicellulaire. Pour Louis Pasteur il était hors de question que la vie puisse naitre à partir d'une auto-organisation de la matière minérale sur la base de ses travaux sur la génération spontanée.

Suite aux échecs successifs de vouloir créer une soupe pré-biotique artificielle fonctionnelle qui ne donne aucun résultat probant, les chercheurs modernes se sont tournés vers les sources hydrothermales, et il n'existe aucune preuve chimique et aucun résultat expérimental pour confirmer cette hypothèse.

Les bactéries sont des organismes unicellulaires et sont répertoriées par plus de dix milles espèces connues et on estime qu'il y en aurait entre cinq à dix millions.

En 2000, une équipe scientifique a annoncé avoir découvert une bactérie demeurée endormie dans un cristal de sel pendant 250 millions d'années.

En 2007 la plus ancienne bactérie vivante connue a été mise à jour en Sibérie par le professeur Eske Willerlev. Le résultat du calcul de son âge nous a donné 500000 ans.

Ces chiffres démontrent qu'une bactérie peut vivre des milliers voire des millions d'années sans montrer la moindre évolution. Si les bactéries évoluaient toutes nous serions bien embêtés car l'homme a des milliards de bactéries dans son corps. Elles ont un rôle primordial pour le bon fonctionnement de notre organisme.

La levure autre organisme unicellulaire du même type aide à provoquer la fermentation des matières organiques pour la fabrication du vin de la bière et des alcools et ce procédé est utilisé depuis des milliers d'années. Si ces organismes évoluaient nous pourrions dire au revoir à l'alcool.

Les archées, organismes unicellulaires interviennent dans le cycle du carbone et le cycle de l'azote et sont essentiellement extrêmophiles présents notamment dans les sources hydrothermales. Sans eux notre atmosphère serait irrespirable.

Le plancton est nécessaire à la création de l'oxygène et s'il évoluait en animal plus complexe en poisson par exemple ou en quadrupède nous cesserions de respirer.

En ce qui concerne donc une probable évolution d'un organisme unicellulaire vers un organisme plus complexe tel un vertébré cela aurait pour conséquence de détruire totalement notre espèce ; heureusement ces organismes restent à leur état préhistorique car ils sont nécessaires au fonctionnement du cycle de la vie.

Etant donné que nous n'avons jamais observé un microbe ou tout autre organisme unicellulaire se transformer en un organisme plus imposant nous pouvons affirmer de source sûre que l'hypothèse de dire que toute la vie sur Terre provient d'un seul organisme unicellulaire est fausse. La théorie de la soupe pré biotique n'a pas été validée et toutes les expériences successives pour tenter de la créer artificiellement sont des échecs.

Après ce constat non discutable nous allons étudier les différents fossiles préhistoriques répertoriés ainsi que les 5 grandes extinctions massives. Nous prendrons tout d'abord le cas d'école de la baleine et sa prétendue métamorphose selon la théorie de l'évolution.

Grace aux découvertes faites par les archéologues sur les différents fossiles qui se sont succédés sur différentes couches géologiques, il y eut un constat sur le fait que 5 extinctions se sont produites au niveau mondial qui sont dans l'ordre l'extinction de l'Ordovicien il y a 445 millions d'années, du Dévonien il y a 385 millions d'années, du Permien il y a 252 millions d'années, du Trias-Jurassique il y a 200 millions d'années et du Crétacé-tertiaire il y a 65 millions d'années.

Tout d'abord il faut savoir qu'une extinction de masse est un événement relativement court sur l'échelle des temps géologiques. En général, au moins 75% des espèces animales et végétales présentes sur la Terre et dans les océans disparaissent. Ce qui veut dire que pour 75 % des espèces animales totales, nous pouvons avoir dans certains cas 100% des espèces animales terrestres qui disparaissent pour 50% des espèces animales marines ce qui donne un total de 75% des espèces terrestres globales. Il est évident que les espèces situées dans les océans sont plus à l'abri des impacts météoriques et des changements atmosphériques dû à l'activité intense des super-volcans à cette époque lointaine.

Commençons donc par l'extinction de l'Ordovicien qui est due à l'explosion intense d'une étoile en supernova, la masse de rayons gamma qui a engendré cet événement a réduit à néant toute possibilité de vie terrestre aussi bien au niveau de la flore que de la faune. De plus 70% de la vie océanique fut détruite.

L'extinction du Dévonien est la plus massive et la plus allongée sur le temps, elle a duré 3 millions d'années. Plusieurs facteurs comme les impacts d'astéroïdes et les éruptions volcaniques ont réduit l'oxygène de façon drastiques et l'atmosphère chargé de souffre a asphyxié les dinosaures tels que les premiers tétrapodes tentant de sortir de l'eau selon le darwinisme. Ces fameux poissons comme les cyclostomes ou les actinoptérygiens ou les placodermes, poissons pourvus de plaques d'os dermique seraient les ancêtres des quadrupèdes. Aucune raison n'aurait poussé ces animaux à sortir de leur environnement aqueux, tellement l'hostilité régnait en maître sur la Terre ferme. Durant cette période, tous les insectes ont disparu et seuls les végétaux subsistèrent et permirent de sauver l'atmosphère de la planète.

L'extinction du Permien Trias est la pire extinction massive que la Terre n'ait jamais connue. Il y a 252 millions d'années tuant 95% de toutes les espèces aussi bien au niveau des océans que sur les terres émergées. Parmi les reptiles qui venaient d'apparaître 89 genres sur 90 disparaissent. Le Permien était la période la plus singulière au niveau de la tectonique des plaques : c'est à cette époque que tous les continents éparpillés se sont réunis en un supercontinent : la Pangée. Le manque d'oxygène dans les fonds marins, les libérations massives de CO_2 de super volcans provoquent des pluies acides tuant la faune et la flore.

A cela il faut ajouter l'impact de météorite comme celui du Manicouagan qui est situé au Québec avec un diamètre de 180 km. C'est le plus vieil impact connu âgé de 210 millions d'années.

Les dinosaures de cette période ont tous été éradiqués comme le Dimétrodon à crête et l'Eryops.

A cette époque le cœlacanthe survécut et il n'a toujours pas évolué jusqu'à nos jours actuels. Les fossiles indiquent très peu de changement avec les spécimens vivants.

Comment se fait-il que la vie à partir de cette époque où la population de la faune mondiale vivante fut quasiment éradiquée à sa surface aurait-elle pu laisser la place ensuite aux plus grands animaux que la Terre n'ait jamais connue ?

Le jurassique est la période de prolifération des grands sauropodes, Diplodocus et Brachiosaure furent leur apparition. Et on peut se poser la question d'où et de quelle manière ses géants sont-ils apparus suite à la destruction la plus massive que la Terre ait connue ? Avec leurs prédateurs aussi terrifiant que parfaitement adaptés les saurischiens et théropodes : Ceratosaurus, Mégalosaurus Allosaurus ,tous des copies conformes au grand Tyrannosaure qui lui est apparu ensuite au Crétacé.

Comment des formes animales aussi évoluées peuvent elle apparaitre soudainement après ce cataclysme et en plus ayant des régimes alimentaires aussi différentes que variés tels que les herbivores et les carnivores à longues dents ? Tout cela en repartant d'un hypothétique poisson qui serait à l'origine d'une variété dépassant ses compétences génétiques préhistoriques.

C'est aussi à cette période que les conifères apparurent dans cette Terre ré-surfacée au niveau de son aspect en Pangée ainsi que de sa faune et de sa flore abondante et luxuriante.

Et malgré que ce nouveau monde se mettait en place une nouvelle extinction massive arriva sonnant la fin du Trias-Jurassique.

Peu après que la Pangée se soit fracturée avec des changements climatiques et des fluctuations au niveau de la mer, plusieurs impacts d'astéroïdes se sont produits. A cela il faut ajouter des épisodes volcaniques intenses entrainant un réchauffement climatique mortel pour les dinosaures.

Le crétacé il y a 65 millions d'années, sonne la fin de l'époque de 70% de toutes les espèces marines et terrestres. Les poissons et les grands lézards marins qu'étaient les mosasaures et sur la terre ferme le Tyrannosaurus Rex , disparurent tous. Et bon nombre de reptiles et de mammifères furent exterminés, à cela il faut ajouter les reptiles volants dont aucunes espèces ne survécurent.

À la fin du crétacé, les dinosaures étaient présents dans toutes les parties du monde, et sous toutes les latitudes. Ils constituaient alors un groupe en expansion, très diversifié, capable donc de s'adapter à des conditions de milieu extrêmement variées. Le mystère de leur disparition n'en est apparemment que plus complet.

L'explication de ces disparitions soudaines a pour origine encore l'impact d'un astéroïde fatal et d'un tsunami géant à grandeur planétaire. Le cratère de Chicxulub enfoui dans la presqu'île du Yutacan au Mexique en témoigne de la violence de l'impact qui sonne définitivement le glas du monde des dinosaures.

Ayant fait le développement du déroulement de la préhistoire, nous allons maintenant nous attarder sur les cas de transformisme que propose la théorie de l'évolution afin de l'invalider de manière logique.

Prenons le cas de la baleine qui est l'exemple le plus farfelu que les évolutionnistes ont produit. Selon leur point de vue si on se réfère à leur principe la vie serait venu d'un organisme unicellulaire pour se transformer en organisme plus complexe pour arriver jusqu'aux premiers poissons. Bien-sûr aucun fossile d'étape intermédiaire ne fut trouvé à ce jour. Ensuite ce poisson tel le cœlacanthe qui est toujours vivant à l'heure actuel, serait sorti de l'eau avec des nageoires qui se transformeraient en pattes pour donner les batraciens. Comment se fait-il qu'aujourd'hui nous ne constatons pas le même phénomène ? Les évolutionnistes nous répondent que ces transformations prennent des millions d'années. Cet argument signe leur impuissance face à la vérité qu'aucun poisson n'est jamais sorti de l'eau pour se transformer en reptile depuis que l'homme existe sur cette Terre. De plus ce procédé est totalement invalidé quand on sait que la Terre a subi 5 grandes extinctions massives, et que souvent pour ne pas dire dans la majorité des cas, il était plus difficile pour une espèce de survivre sur Terre que dans les océans, tellement leur habitat était hostile à la vie.

Continuons dans la logique de cette transformation, selon la théorie officielle un poisson sorti de l'eau se transformerait en batracien et serait devenu ensuite un mammifère. Une espèce de grand rat géant nommé l'indohyus comme il n'était pas satisfait de sa vie terrestre, il se transforma en une version mammalienne du crocodile. Encore un transformisme sans raison et magique. Pour enfin devenir l'animal le plus grand du monde qu'est la baleine. Comment peut-on donner du crédit à un tel illogisme sans preuve et sans explication rationnelle.

Pour le cœlacanthe pourquoi serait-il sorti de l'eau alors qu'il a des branchies, pour ensuite avoir les poumons d'un mammifère terrestre et pour enfin retourner dans l'océan en perdant sa faculté de respirer dans l'eau qu'il avait au début cela n'a aucun sens. D'autant plus que cet animal est toujours vivant et nous reviendrons sur son cas par la suite.

Venons maintenant à l'animal actuel terrestre le plus grand : la girafe. Cet animal est apparu tel que l'on connait actuellement il y a des millions d'années et tel qu'on le connait aujourd'hui. Des peintures rupestres dans la grotte Inange au Zimbabwe le représenté sans différences notables, avec les spécimens contemporains :

Selon les évolutionnistes ils descendraient de prodremotherium elongatum un genre de petit chien de la préhistoire et les seuls fossiles connus à ce jour sont ces 2 mâchoires non complètes :

Cela se passe de commentaire sur la volonté de raconter du non-sens pour toujours être en phase avec cette théorie qui se permet d'inventer l'histoire de la girafe à partir d'une mâchoire incomplète. Jusqu'où iront-ils dans l'absurde ?

En ce qui concerne les félins c'est le grand mystère, en particulier pour l'ancêtre commun. En effet selon les évolutionnistes l'ancêtre commun à tous les carnivores serait un petit animal nommé Miacis vraisemblablement de la famille du furet. Ce qu'ils veulent dire c'est qu'un petit furet serait l'ancêtre commun au chien et au chat ainsi qu'à tous les carnivores :

Ne cherchez pas de squelette de ce prétendu fossile commun il n'existe nulle part, la seule représentation de Miacis est ce petit dessin et aucune preuve archéologique n'a été apporté à ce jour. C'est la supercherie la plus étonnante que j'ai eu à découvrir à ce jour.

Le Tigre à dent de sabre ou Smilodon a plusieurs variances et c'est le seul Félin de la préhistoire avec des preuves archéologique il est probablement l'ancêtre de tous les grands félins actuels tel panthera leo

Nous allons maintenant étudier les différences entre tous les types d'hominidés connus sans aucune restriction. Pour cela nous allons donc commencer par étudier toutes les découvertes archéologiques des prétendus ancêtres de l'homme selon le darwinisme.

Il y eut tout d'abord la recherche du chainon manquant entre les primates et l'homme moderne selon la théorie de Darwin. Raymond Dart étant convaincu par ce qu'il a lu se mit à la recherche d'un fossile correspondant à ses nouvelles croyances. Il nomme alors sa découverte correspondant au « chaînon manquant » dans la revue Nature, l'Australopithecus africanus. Un simple demi crâne fendu qui est nommé l'enfant de taung. Cette pseudo découverte fut vivement critiqué jusqu'à ce jour. L'industrie ostéodontokératique démontre que c'est un primate ressemblant fortement a un chimpanzé et le et le moulage du crâne fait à l'arrière de façon artisanale démontre une volonté de lui donner un cerveau volumineux alors que le squelette est incomplet :

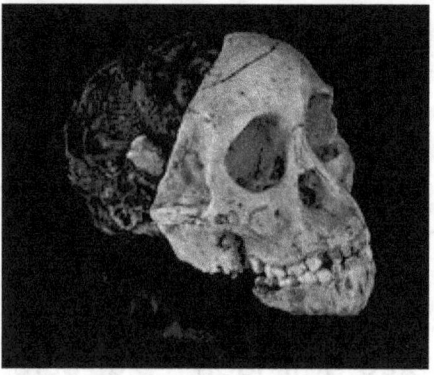

Sally Zukerman et Charles Oksnard ont contesté cette découverte, tout comme le fossile de Lucy qui possède une anatomie de type babouin

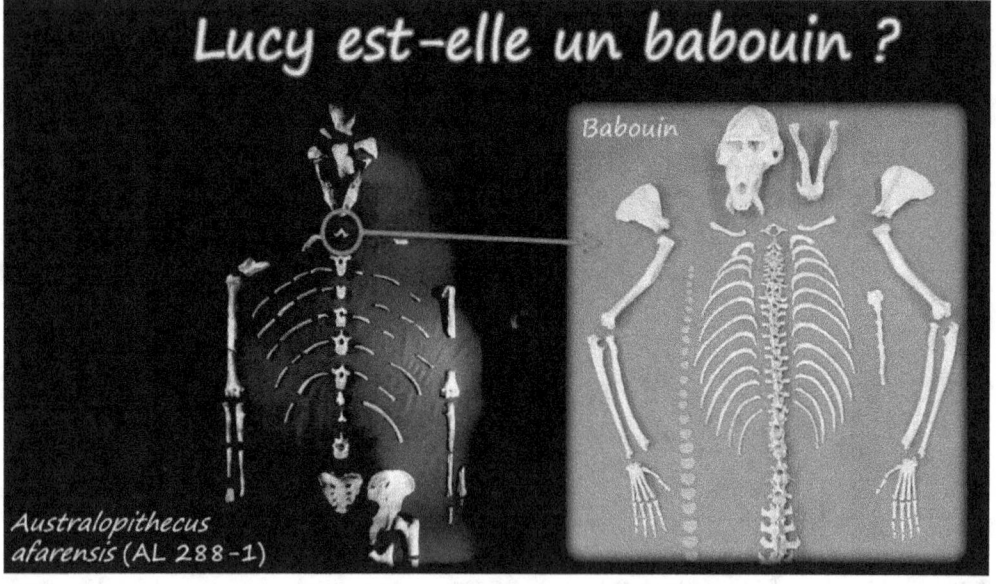

La fraude la plus connue est la plus dénoncée est celle de l'homme de Piltdown, appelé aussi l'homme de l'aube de Dawson. Il fut présenté comme le chaînon manquant entre le singe et l'homme. En 1959 les tests ont révélé que c'était un canular paléontologique. L'homme de

Piltdown après une datation au carbone 14 a révélé un âge d'à peine 500 ans. Ce n'était ni plus ni moins qu'un crâne d'homme ajouté à celle d'un orang-outan.

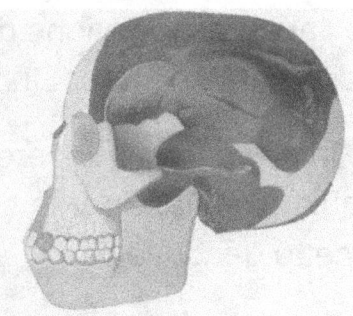

Les parties blanches correspondent à un crane d'un être humain moderne et les parties blanches à celle d'un orang-outan.

Il n'y a pas de photos du squelette de cette arnaque car les ossements ont été re-enterré à l'endroit où Dawson avait fait sa soi-disant découverte. Il est l'auteur de nombreux autres canulars mais nous n'attarderons pas notre attention sur sa vie d'escroqueries.

Vient ensuite la fraude de l'homme du Nebraska. Une fraude tout aussi spectaculaire que risible. Henry Fairfield Osborn a présenté en 1922 une molaire qui prouverait que l'homme proviendrait d'une espèce de singe qui serait le premier primate d'Amérique du nord.

Les analyses ont révélé par la suite que cette dent venait d'un pécari.

Un petit cochon sauvage similaire au sanglier.

Depuis que « l'origine des espèces » de Darwin a été publiée tous les scientifiques de son époque et à nos jours ont tenté sans cesse de trouver le chainon manquant entre l'homme et le singe, quitte à faire des fausses découvertes frauduleuses avec des ossements de différents animaux, pour faire un forçage de validation de leur théorie dans le but d'invalider la possibilité d'une création divine. En voici encore quelques exemples :

Le faux pithécanthrope de Java : associations d'ossements humains et d'animaux. Cette fraude faite par le docteur Dubois

Le sinanthrope : hominidé inférieur basé encore une fois sur les découvertes de Piltdown qui fut déclaré par la suite frauduleuse et invalidant du même coup cette découverte.

L'homme de Florès : découvert en 2003 dans une caverne indonésienne de Florès L'énigmatique Homo floresiensis n'a rien d'un Homo sapiens, selon une étude publiée le lundi 15 février 2016, dans le Journal of Human Evolution.

Jusqu'à présent, pour certains, l'homme de Flores était un descendant de l'Homo erectus. D'une taille d'environ 1 mètre pour 25 kg, avec un cerveau de la taille de celui d'un chimpanzé. En étudiant la morphologie crânienne du "petit homme", le chercheur Antoine Balzeau assure que "ce n'est pas possible" que l'homme de Florès soit de notre espèce.

"C'est marrant de voir combien certains se sont acharnés pour trouver des explications, malheureusement parfois un peu simplistes", constate Antoine Balzeau. Jusqu'à maintenant, les chercheurs étudiaient le crâne de l'homme de Florès à partir de clichés réalisés lors de la découverte des ossements. "On se basait sur des images où on ne voyait pas grand-chose", déplore le chercheur. "C'était important de compléter la description du crâne pour arrêter de parler dans le vide."

L'homo erectus : classés en Homo habilis, Homo ergaster, Homo rudolfensis, Homo erectus signifie littéralement « homme dressé, droit » en latin : ce nom binominal d'espèce est un héritage historique lié à la description du fossile de Pithecanthropus erectus par Eugène Dubois en 1894. Il s'agissait alors de la plus ancienne forme bipède connue d'hominidé, mais elle a été supplantée dès 1924 par la découverte du premier Australopithèque en Afrique du Sud. Homo erectus comporte un certain nombre de variantes régionales qui ont été considérées comme des espèces distinctes à l'origine, dont le Pithécanthrope et le Sinanthrope. Ces différentes formes ont été à partir de 1939 réattribuées à l'espèce Homo erectus.

Peu après la publication des travaux de Charles Darwin, notamment de L'Origine des espèces en 1859, le biologiste et philosophe allemand Ernst Haeckel proposa un arbre généalogique théorique de l'homme, dans lequel il faisait apparaitre un « chainon manquant », un être intermédiaire entre le singe et l'homme. Dans son ouvrage L'histoire de la création naturelle paru en 1868, il nomma cette créature hypothétique Pithecanthropus.

Le médecin et anatomiste néerlandais Eugène Dubois, passionné par les nouvelles théories relatives à l'origine de l'homme, entreprit de rechercher les fossiles prouvant l'existence du Pithécanthrope, que Haeckel imaginait originaire d'Asie. Pour cela, il s'engagea comme médecin militaire dans l'armée des Indes orientales néerlandaises. Nommé en 1887 à Sumatra, en Indonésie, il s'y rendit convaincu qu'il trouverait sous les tropiques les traces d'un être intermédiaire entre l'homme et les grands singes.

Comme vous le constatez l'homo erectus est la découverte du Dr Dubois un fraudeur notoire qui n'était pas à son premier coup d'essai, je vous redirige vers le début de cette chronologie en vous remettant ces fraudes sur le Pithécanthrope et le Sinanthrope :

Le faux pithécanthrope de Java : associations d'ossements humains et d'animaux. Cette fraude faite par le docteur Dubois

Le sinanthrope : hominidé inférieur basé encore une fois sur les découvertes de Piltdown qui fut déclaré par la suite frauduleuse et invalidant du même coup cette découverte.

Voyons plus en détail la fraude du pithécanthrope de Java :

Le Docteur Dubois, médecin militaire hollandais, part pour Java en 1889, avec l'idée bien ancrée qu'il y trouvera le chaînon manquant, selon les prédictions de l'infaillible Darwin. Il le trouve en 1891, le dénomme Pithécanthropus erectus, le Singe-homme dressé, et publie un rapport convaincant sur sa découverte en 1895. Il exhibe une calotte crânienne, d'apparence simienne, dont il évalue le volume cérébral à 850 cc à peu près égale distance de celui du chimpanzé et de celui de l'homme. Et un fémur de type humain, dont il omet de préciser qu'il l'a trouvé à 15 m de la dite calotte. Mais il ne souffle mot des deux crânes humains de 1550 et 1650 cc qu'il a trouvés dans les parages ! Il les exhibera trente ans plus tard, en 1925. Ces crânes humains ne troublent pas les paléontologistes. Dans leurs nomenclatures, ils les font figurer à part du premier lot sous une autre dénomination, et le tour est joué, la fraude est consolidée : c'est l'Homme de Wadjack, découvert par Dubois en 1888-1889. Le 7 janvier 1895, Wilhelm Krause (1833-1910) devant la Berliner Anthropologische. Gesellschaft, considère qu'il est évident que le crâne est celui d'un gibbon fossile de grande taille et que le fémur ne peut être que celui d'un homme. Wilhelm Waldeyer (1836-7927), Rudolf Virchow (7827-7902) et d'autres abondent dans ce sens.

La fraude indéniable : avouée par Dubois trente ans plus tard, a été d'associer par fanatisme évolutionniste, ce fémur d'homme moderne, non pas avec les crânes humains trouvés dans le même champ paléontologique, mais avec un débris de crâne de gibbon, comme s'ils appartenaient l'un et l'autre au même individu ! Et les paléontologistes sont des fraudeurs encore aujourd'hui, quand ils exposent ce fémur humain dans la vitrine du Pithécanthrope, comme preuve de son hominisation avancée et de sa station droite d'Homo erectus. Et plus loin, dans une autre salle, celle de l'Homme de Neandertal, un million d'années les séparant, ils exposent les crânes de l'Homme de Wadjack, de telle manière que les visiteurs ne puissent faire la distinction. Plusieurs de ces reconstitutions reposent sur des documents paléontologiques dont certains, déjà douteux à cette époque, ont été ultérieurement reconnus comme des faux : Piltdown, Galley Hill, Grenelle, Obourg.

Voyons maintenant en détail la fraude du sinanthrope :

L'homme de Pékin est un représentant de l'espèce Homo erectus. Autrefois appelé Sinanthropus pekinensis ou Sinanthrope, il est aujourd'hui rattaché à la sous-espèce Homo erectus pekinensis.

Des molaires, trouvées en 1922 et en 1927, sont déclarées par Davidson Black et le Chinois Wang appartenir à un « hominidé inférieur » qu'ils nomment Sinanthrope. Cette découverte apporte, lit-on dans la presse mondiale, une aide décisive à l'interprétation des fossiles de Piltdown.

En 1933, Teilhard relate pour la Revue des questions scientifiques, la découverte des débris de cuisine, des crânes de Sinanthropes, tous de même gabarit du haut en bas du site exploré, et de maints outils de pierre et d'os, Il prend le contre-pied de son maître, Marcellin Boule, en attribuant au Sinanthrope une forte capacité crânienne. Or, Teilhard termine son article cinq mois plus tard, sous le coup de l'émotion, par l'annonce d'une grande découverte : Pei vient de mettre à jour trois crânes d'adultes non mutilés et, pour la première fois, des fémurs et d'autres parties de squelettes. Teilhard déclare que ce sont des Homo sapiens, mais rapporte qu'on les a trouvés dans un autre site.

En 1939 et plus tard en 1945, revenu en Californie, Weidenreich avouera la vérité, et cela malgré les dénégations de Teilhard. Il produira les photos de la petite famille découverte en 1933. Et la vérité se fera jour dans un tout petit cercle d'initiés. Après des centaines de milliers d'années de présence paisible du Sinanthrope en Chine, arrivèrent des représentants de l'espèce Homo sapiens, qui s'établirent à Choukoutien, y firent leurs outils, leur cuisine, et pourchassèrent le Sinanthrope.

Et l'Homme-Singe de Piltdown prit place parmi les documents les plus probants de la descendance simienne de l'homme.... Jusqu'en 1953, quarante ans plus tard, où deux tests au fluor ramenèrent l'antiquité des restes de Piltdown de 500 000 à 50 000 ans. L'enquête, reprise avec soin, prouva que le crâne était celui d'un néanderthalien, artificieusement brisé, et la mâchoire celle d'un singe moderne. La dent de Teilhard avait été limée pour faire aller le tout ensemble, les divers os teints pour les vieillir. Le reste avait été ramassé ailleurs. Le bulletin du British Museum rendit compte de la fraude et le silence se fit.

Chaque homme-singe s'est avéré être, soit un humain ordinaire, soit un singe ordinaire ou un canular. Même la célèbre Lucy est considérée par de nombreux experts comme un chimpanzé ordinaire. Le seul os de Lucy qui l'a fait paraître humaine est l'articulation du genou, qui a été retrouvée à environ 2 km du reste du squelette et à 60 m plus profond dans la roche. A cela nous pouvons ajouter que Lucy était ni plus ni moins qu'un babouin préhistorique comme le démontre les dernières analyses en date.

Si l'évolution s'était réalisée, les trouvailles de fossiles devraient être remplies de liens manquants. Cependant, seuls quelques-uns ont été trouvés, et chacun d'entre eux est contesté par des experts.

Par exemple, l'archéoptéryx était considéré comme un chaînon manquant entre les reptiles et les oiseaux. Cependant, on a trouvé des fossiles d'oiseaux modernes plus anciens à celui-ci. Un animal qui évolue lentement en un oiseau, ne peut être un chaînon manquant : L'archéoptéryx a été le tout premier fossile découvert avec des plumes bien conservées, longtemps considéré comme le plus ancien oiseau fossile. Ces dinosaures-oiseaux, d'une longueur inférieure à 60 cm, ont vécu à la fin du Jurassique, il y a 156 à 150 Ma dans un environnement alors insulaire, qui se situe actuellement en Allemagne.

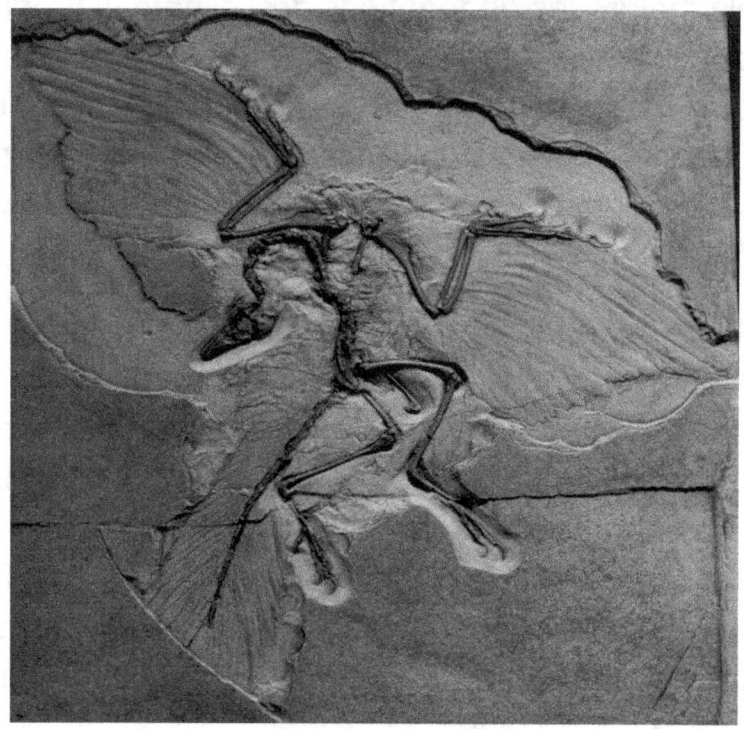

Les paléontologues classent donc Archæoptéryx dans une catégorie particulière, qui forme une transition entre les dinosaures et les oiseaux. En d'autres mots, on le considère à la fois comme un dinosaure à plumes et un oiseau primitif. Ils ne savent plus sur quel pied danser avec cet animal. Depuis cette découverte, et surtout depuis le début des années 1980, on a trouvé partout dans le monde de nombreux autres oiseaux fossiles datant du Mésozoïque.

En Chine uniquement, on avait déjà exhumé une dizaine d'espèces d'oiseaux fossiles datant de la même période de L'archéoptéryx :

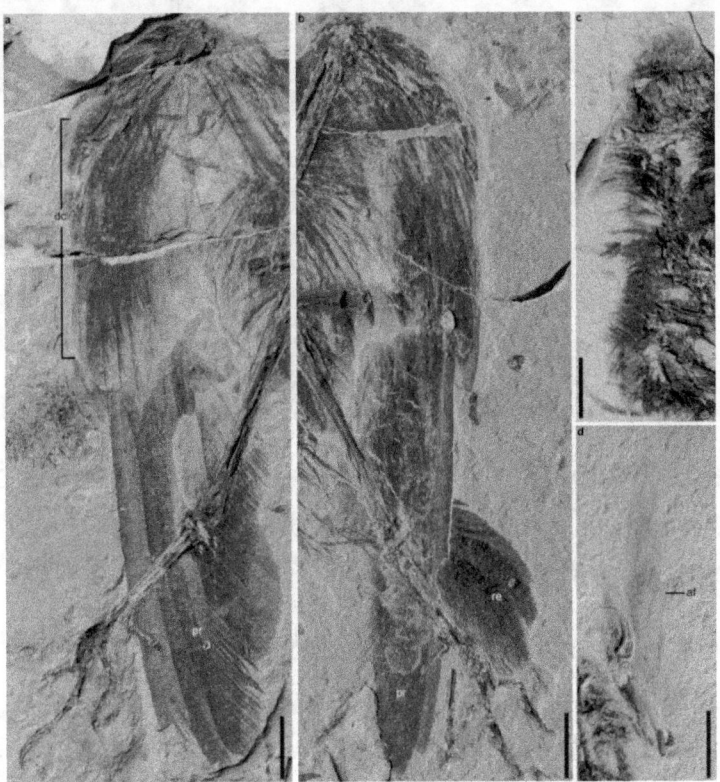

Les deux fossiles ont été découverts dans le nord-est de la Chine, dans le bassin de Sichakou, province d'Hebei. Ils appartiennent à une nouvelle espèce nommée Archaeornithura meemannae et sont les plus anciens représentants des Ornithurae ou Ornithuromorpha, constituant environ la moitié des espèces d'oiseaux de l'ère mésozoïque.

Daté de 130 millions d'années, il s'agit du premier fossile retrouvé ayant gardé sa pigmentation. Il serait également un des premiers oiseaux similaires à ceux que l'on peut croiser de nos jours, avec un bec édenté.

En effet, l'oiseau fossile hors du commun trouvé dans des dépôts lacustres chinois en 2008 est un fossile préhistorique avec un état de conservation exceptionnel.

Pour résumer cet épisode de comparaison entre une thèse présumée fausse de l'évolution de l'archéoptéryx en oiseau moderne, démontrés par le fait des découvertes qu'il existait déjà des oiseaux modernes du temps des Tyrannosaures. Pourtant l'idée préconçue que les oiseaux descendraient directement des dinosaures de type petit lézard ne possèdent aucune preuve archéologique, au contraire les faits démontrent que les oiseaux étaient déjà présents aux temps de ces grands reptiles. Aucunes espèces ou chainon manquant ne prouvent cette hypothèse tellement la présence des oiseaux de type moderne datant de plus de 130 millions d'années affirment le contraire.

Tout comme les manchots géants existaient depuis 61 millions d'années du temps des dinosaures. Un chercheur néo-zélandais a découvert ce fossile marin de 1m50 baptisé le «manchot géant waipara».

Il s'agit de «l'un des plus anciens fossiles de manchot au monde», selon l'étude parue dans la revue scientifique The Science of Nature.

Maintenant nous allons étudier les différences génétiques et anatomiques entre l'homme moderne et tous les primates anciens et contemporains. Effectivement une grande propagande que l'on retrouve partout dans les plus grandes revues dites scientifiques affirme avec force et autorité que l'homme a 98 % d'ADN en commun avec le chimpanzé. Cela est une affirmation fausse et la démonstration de cette fausse vérité sera exposée par la suite.

Nous commencerons tout d'abord par exposer un cas avéré de fraude qui se trouve malheureusement toujours dans certains livres scolaires de nos jours :

Dans son livre « L'histoire de la création naturelle » publié en 1868, Ernst Haeckel a fait des comparaisons variées en utilisant les embryons humains, de singes et de chiens sous forme d'un tableau dans le but d'induire les lecteurs en erreur en les forçant à adhérer à la thèse évolutionniste.

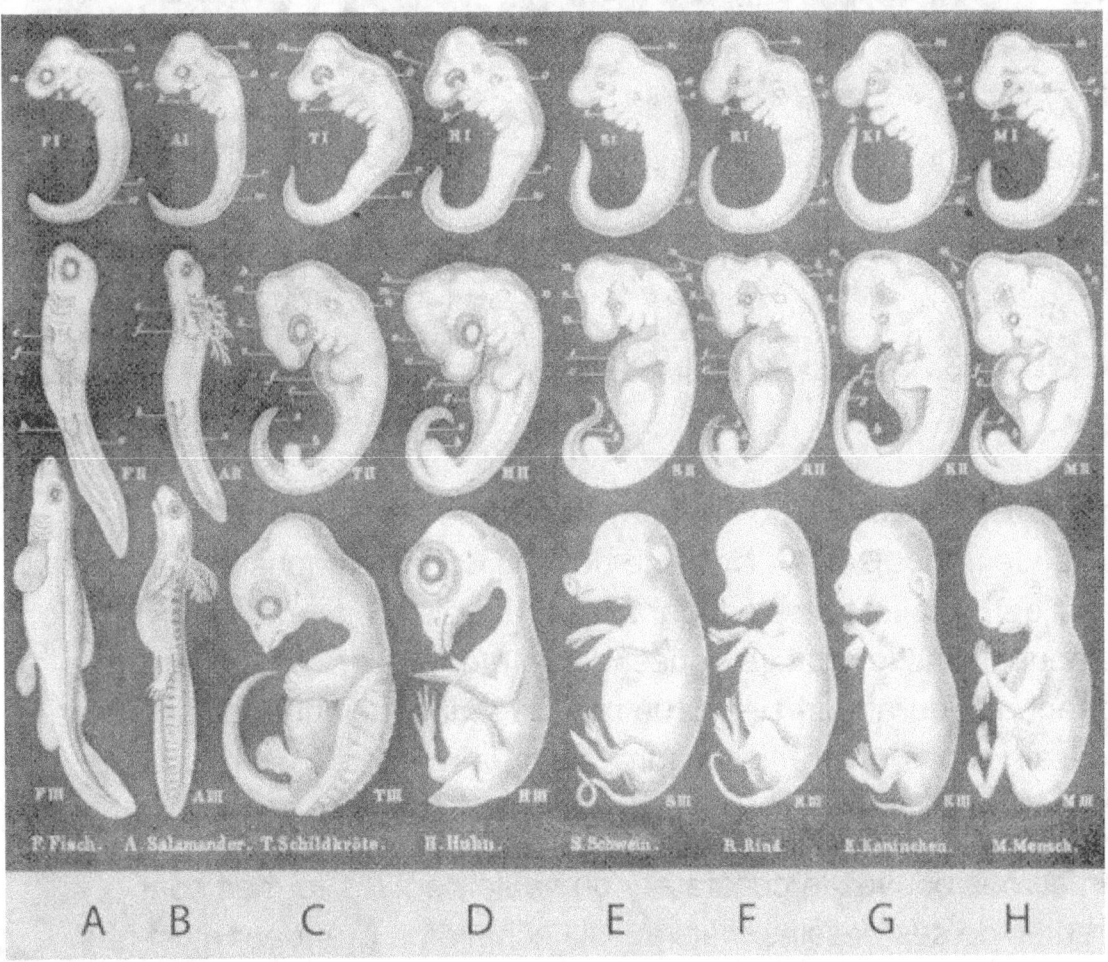

Nous voyons donc qu'il a modifié volontairement les embryons de chaque animal ainsi que celui de l'homme en dessinant à sa guise les différentes étapes afin qu'on y trouve une similitude. La vérité est tout autre comme le démontre ce vrai tableau fait avec des vrais embryons :

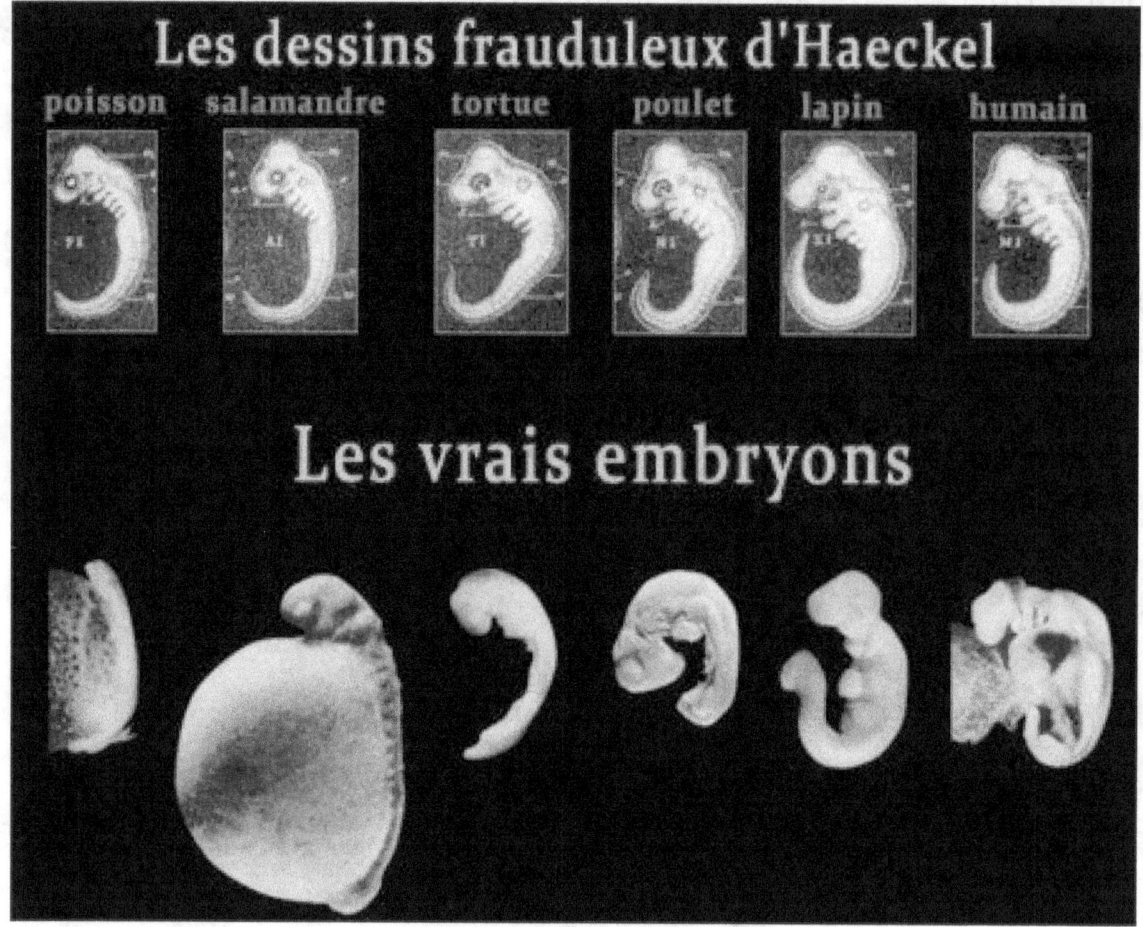

Stephen Jay Gould a écrit, après avoir qualifié certains dessins de Haeckel de frauduleux : « Nous ne devons donc pas nous étonner si les dessins de Haeckel entrèrent dans les manuels du dix-neuvième siècle. Mais nous avons le droit, je pense, d'être étonnés et honteux en songeant que durant un siècle, un recyclage insouciant a fait persister ces dessins dans un grand nombre, sinon la majorité, des manuels modernes ! »

Comme vous pouvez le constater non seulement les formes sont différentes de ses dessins mais aussi l'échelle de grandeur n'est pas respectée, tout cela a pour but de déstabiliser les pensées du lecteur et lui faire accepter involontairement cette propagande évolutionniste.

Quelles sont les caractéristiques de l'homme moderne ? Il a une posture droite, possède une pilosité moindre comparé au règne animal. La taille de son cerveau est de 1400 cm3 en moyenne. Voyons une comparaison avec ses prétendus ancêtres :

Sahelanthropus tchadensis	350 cm3	7 millions d'années BP
Australopithecus	400 - 550 cm3	3,9 millions d'années BP
Homo habilis	550 - 700 cm^3	2,3 millions d'années BP
Homo ergaster	750 - 1 000 cm^3	1,85 million d'années BP
Homo neanderthalensis	1300 - 1 700 cm^3	450 000 ans BP
Homo sapiens	1300 - 1 500 cm^3	300 000 ans BP

C'est à noter que l'homme de Neandertal fut considéré comme un sapiens jusqu'à ce qu'on le classifie en une espèce à part entière. Pourtant 20% de gènes des européens sont identiques à l'homme de Neandertal qui a eu à un instant de l'histoire une hybridation avec l'homo sapiens, toutefois certains peuples ne possèdent pas ou très peu de ses caractéristiques génétiques comme ceux vivant dans l'est de l'Asie de l'Afrique et du continent Américain.

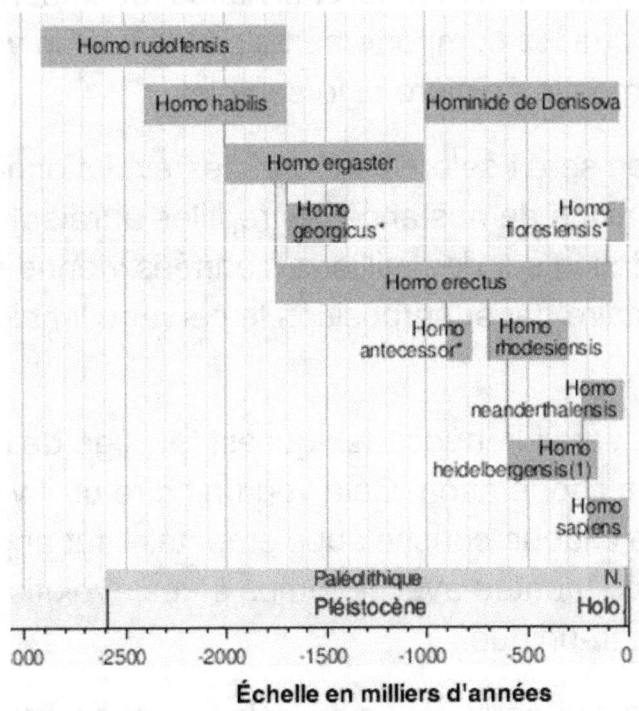

Ci-dessus nous voyons que l'homo habilis a côtoyé l'homo ergaster qui lui-même a côtoyé l'homo erectus qui lui aussi était présent du temps de l'homme de Neandertal et de l'homo sapiens.

Ce qui veut dire que l'homme actuel a eu un doublage de son cerveau passant 700 cm3 à 1500cm3 en quelques milliers d'années tout en cohabitant avec ses prétendus ancêtres. Sans oublier l'australopithèque avec son cerveau de 400 cm3 similaire au chimpanzé. Comment une espèce peut tripler le volume de son cerveau de manière naturelle sur quelques milliers d'années ? Cela est une question sans réponse. Certains évoquent la nourriture d'autres évoquent les mutations magiques, et en tout et pour tout aucune réponse n'apporte de certitude et aucun animal connu sur Terre a triplé son volume crânien en quelques milliers d'années tout en cohabitant avec son espèce ancestrale.

Nous arrivons maintenant aux détails de l'anatomie humaine, nous évoquerons tous les aspects morphologiques, biomécaniques et biologiques qui diffèrent entre l'homme et les primates ainsi qu'avec toutes les espèces vivantes.

Un terme qui est toujours employé dans le milieu scolaire est le cerveau reptilien. Sa définition désigne cette partie du cerveau comme ancestral celle qui régit la régulation des fonctions vitales, de la survie et de la reproduction ainsi que les comportements primitifs. Son véritable nom scientifique est la moelle épinière et le cervelet.

Ce cerveau reptilien serait selon la théorie des évolutionnistes, le premier cerveau unique de nos ancêtres reptiles auraient connu. Pour qu'ensuite par mutation sur des millions d'années vienne s'ajouter un niveau supplémentaire par superposition le cerveau limbique où siègent les émotions.

La troisième partie serait le néocortex qui est le siège de l'intelligence de la créativité et de la coopération. Cela voudrait dire qu'il y a un cerveau en 3 parties et que chaque couche supplémentaire fut apportée à la manière d'une pièce montée avec le temps et les évolutions c'est la théorie du cerveau tri-unique.

La théorie des trois cerveaux est un modèle vulgarisé par Arthur Koestler en 1967 où le cerveau humain est représenté avec des éons strictement indépendants, structures cérébrales héritées par l'évolution. La totale indépendance de trois cerveaux clairement distincts est aujourd'hui rejetée par de nombreux scientifiques, ceux-ci préférant considérer les aires cérébrales comme des ensembles en interaction.

Néanmoins la structure du cerveau d'un oiseau est identique à celle de l'homme, pourtant cet animal s'apparente plus aux reptiles qu'aux mammifères et de plus comme nous l'avons vu précédemment les oiseaux du type moderne à plumes existaient déjà il y a plus de 100 millions d'années au temps des dinosaures. Ce qui veut dire que cette théorie du cerveau tri-unique n'a pas de sens car elle se trouve aussi chez les aviens.

Venons maintenant aux squelettes et voyons les différences entre les primates et l'homme moderne.

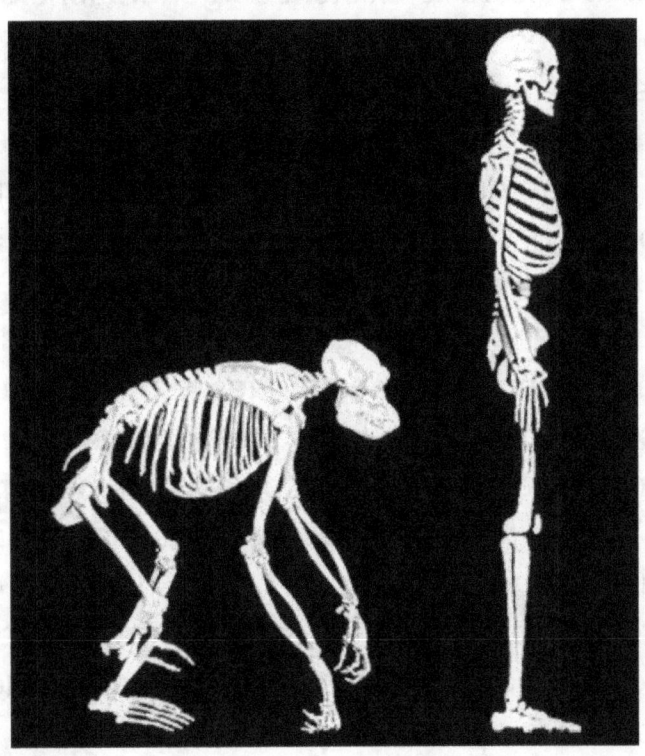

L'homo erectus le chimpanzé ou encore l'orang outang ont une structure anatomique similaire : ils ont les pieds en forme de mains, des courtes jambes des longs bras un petit cerveau comparé aux nôtres, et une cage thoracique ouverte près du bassin. Aucun squelette ou fossile n'a été découvert montrant une transition ne serait-ce que minime entre un primate et un homme. Après la longue liste de fraudes et d'expositions forcées de découvertes truquées dans les musées, il est évident de constater qu'il n'y a pas de preuve que l'homo erectus marchait sur ses 2 pattes et qu'il avait des pieds comme nous ou encore qu'il eût une mâchoire rectiligne au visage. Rien n'explique ces transformations morphologiques. Le fait de trouver le fossile d'un chimpanzé ou d'un babouin préhistorique en lui attribuant un nom savant comme

Australopithecus ne va pas changer sa forme de primate et son appartenance à la lignée des homos sapiens n'est pas avérée.

Ce n'est en aucun cas une preuve scientifique et encore moins un fait indiscutable.

En ce qui concerne la pilosité il n'y a pas d'explication crédible et scientifique, quand j'ai posé cette question pendant mes années scolaires on m'a répondu que l'homme a perdu ses poils parce qu'il a mis des vêtements. Cependant certaines tribus indigènes n'ont jamais mis de vêtements depuis qu'ils existent de générations en générations et sont incomparables avec la pilosité d'un chimpanzé ou d'un gorille. Les pigmés, les incas, ou encore les kanaks et les indigènes ou aborigènes n'ont pas mis de vêtement pour se protéger du froid depuis qu'ils existent, certains d'entre eux peuvent arborer une ceinture mais rien de plus. Donc la réponse des vêtements est illogique, suite à cela la nouvelle parade consistait à dire que c'est notre régime alimentaire ou encore qu'on se réfugier dans des grottes. Il existe des animaux poilus omnivores qui se réfugient dans des grottes le phacochère par exemple ou le babouin, ils n'ont pas perdu leurs poils pour autant. Rien n'explique une probable transition entre les primates et l'homme, il n'y a pas d'explications au niveau morphologiques, pieds mains jambes et poils qui soient crédibles et encore moins au niveau du crâne et de la mâchoire. Les proportions sont tellement différentes que force est de constater que l'homme ne descend pas des primates tellement les différences anatomiques sont énormes.

Il en va de même au niveau biologique, les mêmes méthodes ont été appliqués pour forcer l'acceptation de cette théorie alors qu'il n'y a pas de preuves factuelles, au contraire tout démontre que l'homme est unique et qu'il n'a pas son pareil dans tout le règne animal.

Le grand argument des évolutionnistes est d'affirmer haut et fort que l'homme a 98% d'ADN en commun avec le chimpanzé et de ce fait la théorie de Darwin est indiscutable classifiant l'homme dans la catégorie des primates et des grands singes. Tout d'abord cette affirmation est doublement fausse et je vais le prouver ouvertement, d'ailleurs tout biologiste ou professeur voulant me contredire en affirmant que cette affirmation est juste, je les invite à en débattre avec courtoisie quand ils le désirent par le média de leur choix je suis prêt et je les attends fermement.

La première incohérence de cette phrase réside dans le fait selon la version officielle que le chimpanzé n'est pas notre ancêtre biologique ni même une espèce de la même branche que la nôtre et cela ne dérange personne. Etant contemporain il ne peut être notre ancêtre pourtant la confusion marche on accepte facilement de dire qu'il a 98% d'ADN en commun avec nous.

La molécule d'ADN fait 150 milliards d'atomes prendre juste les gènes codants qui correspondent à 1,5 % de l'ADN codant n'est pas une comparaison honnête pour faire un pourcentage de 100% c'est faux dès le départ.

Tout d'abord il faut définir le génome humain qui est l'ensemble du matériel génétique d'une espèce codé dans son acide désoxyribonucléique (ADN). Selon les espèces on séquence les parties codantes pour faire un comparatif avec les autres espèces. Avec ces méthodes on a par exemple 50% de notre ADN en commun avec la banane, 35% d'ADN commun avec la jonquille 70 % avec l'oursin et les éponges de mer et 98% avec le chimpanzé.

Les petites divergences ce sont les milliards de gènes régulateurs qui composent les 98,5% de l'ADN restant dit non codant, qui n'est jamais pris en compte dans leur comparatif inter-espèces.

A moins de se sentir à 50% banane ou à 70% comme un oursin ou une éponge de mer il est plus que raisonnable de remettre en doute les 98% en commun avec le chimpanzé. Pour cela je vais développer les incohérences de cette comparaison avec des sources et des schémas officiels.

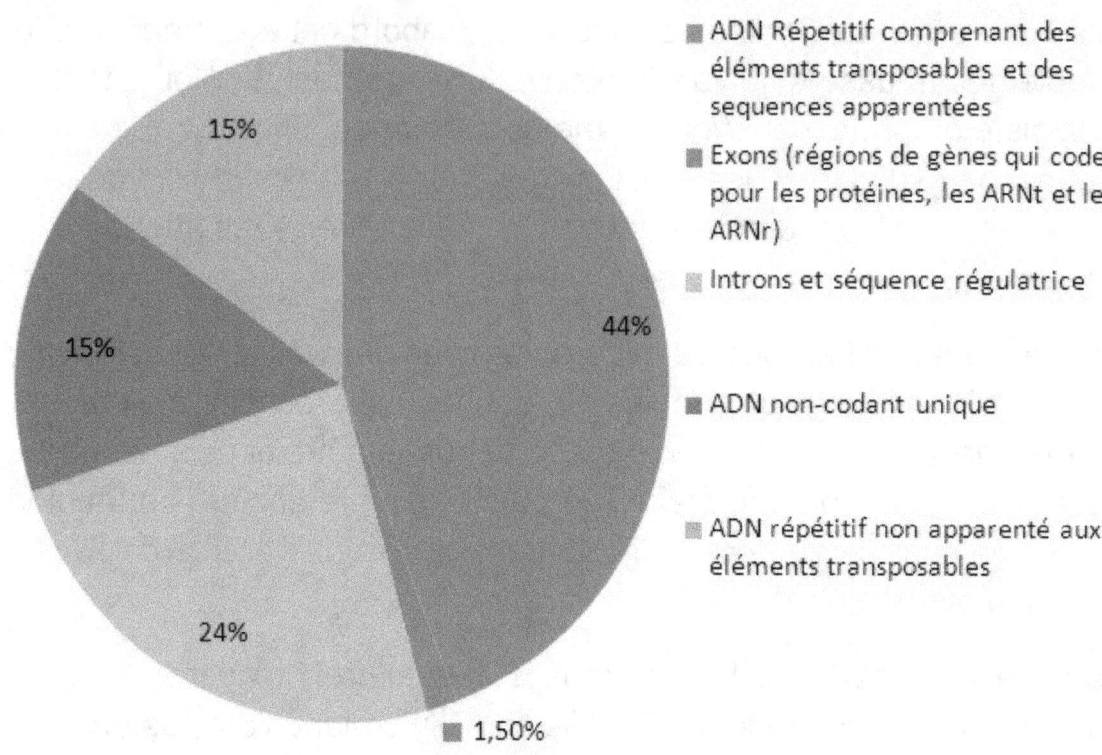

Le projet ENCODE (« Encyclopedia of DNA Elements ») lancé en 2003 par le National Human Genome Research Institute visait à étudier les fonctions des gènes humains.

En 2007, après 4 ans de travail d'identification et de classement d'éléments fonctionnels de 1 % du génome humain (3000 000 000 paires de bases), les auteurs du programme Encode concluent que l'ADN a des fonctions plus complexes que ce que l'on pensait : sur les 3,3 milliards de paires de bases de l'ADN humain, si seuls 1,5 % codent effectivement directement la synthèse protéique (exome), le reste (3,25 milliards de paires de bases) autrefois considéré comme de l'« ADN poubelle » inutile ou relique d'inclusions ou erreurs passées de duplication qui génère de la multiplicité dans le nombre de copies de gènes apparaît finalement avoir une importance fonctionnelle. En 2012, ces résultats sont affinés : 80 % du génome humain serait fonctionnel, lié à une « activité biochimique spécifique »

Voilà où en sont les chercheurs ils ne connaissent même pas la fonctionnalité totale de notre ADN.

Ils se permettent de comparer les 1,5% codant qu'ils ont compris de notre ADN avec les autres espèces en utilisant que leur partie codante aussi de 1,5% selon les espèces, c'est tout simplement de l'escroquerie intellectuelle et de la fausse science.

De plus L'ascendance des humains se reflète dans leur signature génomique. La génomique comparative montre que sur les 23 000 gènes humains, 37 % ont des homologues chez les procaryotes, 28 % chez les eucaryotes unicellulaires, 16 % chez les animaux, 13 % chez les vertébrés et 6 % chez les primates.

Pourtant malgré les résultats probants de cette analyse du projet encode les scientifiques darwiniens ne se gêneront pas de dire qu'on a 98% d'ADN en commun avec les chimpanzés malgré qu'on ait que 6% de gènes homologues avec eux cherchez l'erreur.

Voyons les caractéristiques de l'ADN :

Longueur de l'ADN déplié de l'homme :

120 mille milliards de mètres ($1,2 \cdot 10^{14}$)

Largueur

2,4 nanomètres ($2,4 \cdot 10^{-9}$)

Hauteur d'une spire hélicoïdale

3,4 nanomètres ($3,4 \cdot 10^{-9}$)

L'ADN du noyau de toutes les cellules du corps humain mis bout à bout, au lieu d'être replié et étroitement serré dans les chromosomes, pourrait couvrir la distance de la Terre au Soleil, non pas une fois, mais 1000 fois.

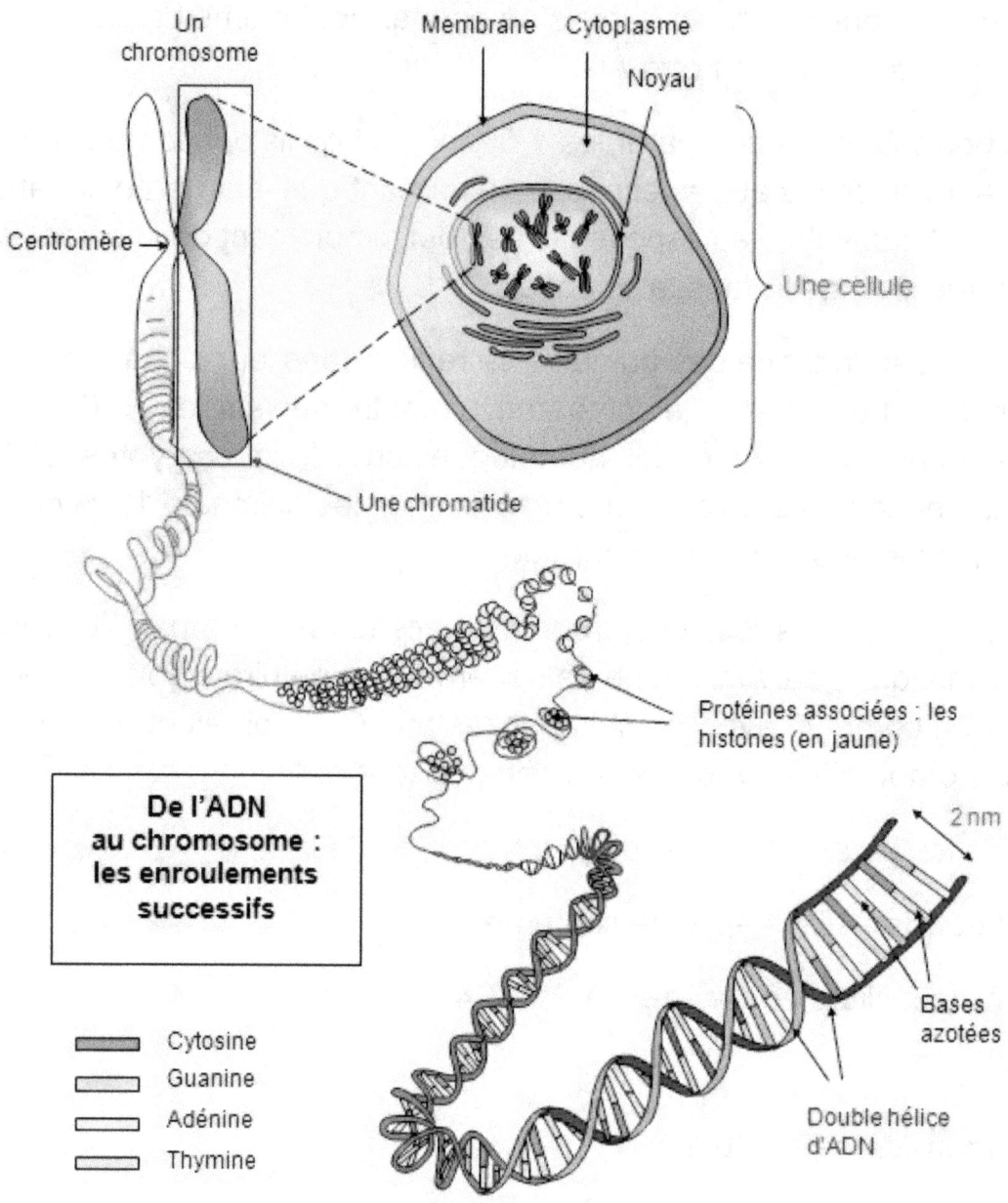

Aussi les biologistes nous affirment que l'évolution de l'espèce est dû aux mutations génétiques. Qu'est-ce que la définition tout d'abord d'une mutation génétique ?

Une mutation génétique est une modification de la séquence d'ADN d'un gène. Une mutation est une modification rare, accidentelle ou provoquée, de l'information génétique dans le génome.

Il en résulte une information erronée dans la fabrication des protéines. De ce fait, les protéines sont absentes, déficientes ou insuffisantes.

Les causes des mutations génétiques sont généralement mal connues. Les mutations génétiques peuvent être causées par des facteurs environnementaux, comme la pollution atmosphérique ou les radiations, mais peuvent également survenir spontanément d'une génération à l'autre sans cause apparente.

La probabilité qu'un lézard modifie son ADN par mutation pour devenir un mammifère est égale à zéro.

Lors de l'amputation d'un membre le lézard a la possibilité de le reconstituer entièrement, ce n'est pas le cas des mammifères dont l'homme. De plus la complexité de son génome

Le génome du lézard vert américain (Anolis Carolinensis) contient 18 paires de chromosomes, dont 12 de très petite taille (micro-chromosomes), comme le chromosome sexuel X qui a été identifié.

Le gène mir 941

L'organisme vivant ayant le plus grand génome connu est la plante herbacée Paris Japonica. Il est long d'environ 150 milliards de paires de bases, soit près de 50 fois la taille du génome humain. Pour le moment, on ne sait pas à quoi peut servir le fait de posséder un génome d'une telle taille.

Certaines amibes, telles que Amoeba dubia, pourraient avoir un génome encore plus grand, jusqu'à 200 fois plus long que le nôtre. Cette détermination est toutefois à prendre avec des pincettes. Elle pourrait en effet être faussée par le fait que ces organismes unicellulaires ingèrent un grand nombre d'autres micro-organismes, dont leurs propres chromosomes augmentent le contenu en ADN.

Le plus petit génome étudié jusqu'à présent est celui d'un parasite, qui est 1300 fois plus court que celui de l'humain.

Quant au contenu en gènes, notre espèce en possède environ 23'000, à peine plus que le petit nématode Caenorhabditis elegans (18'212 gènes), et bien moins que la paramécie (39'642 gènes), la plante du riz (37'544 gènes), ou encore la souris domestique (quelque 30'000 gènes).

La vache, qui a livré récemment les secrets de son ADN, nous a appris qu'elle était composée d'au moins 22'000 gènes codant l'information nécessaire à la synthèse des protéines. Ce qui la rapproche de la poule (20 à 23'000 gènes), mais aussi, mais surtout, de l'homme.

«On pouvait imaginer que l'être humain, qui est la créature dominante sur terre, serait constitué d'un plus grand nombre de gènes que les autres, analyse Alexandre Reymond, professeur associé au Centre intégratif de génomique (CIG) de la Faculté de biologie et de médecine de l'UNIL. On pensait aussi que, quand on aurait décrypté le génome de l'homme, le plus difficile serait accompli. Il a fallu un peu déchanter. Car on a découvert un peu moins de 25'000 gènes codants chez l'être humain.»

25'000 gènes, c'est un peu mieux que la vache ou la poule, mais – et c'est plus ennuyeux pour notre amour-propre génétique –, c'est beaucoup moins que la paramécie, le riz et la vigne. L'ADN d'un plant de pinot noir contient environ 30'000 gènes. Il y a plus de 37'500 gènes dans le riz, et près de 40'000 gènes chez la paramécie, cet organisme qui a connu son (autre) heure de gloire en devenant l'un des premiers unicellulaires observés au microscope! Et on ne vous parle pas du peuplier, et de ses 45'500 gènes…

Tous ces chiffres ne concernent en effet que l'ADN codant qui ne correspond qu'à 1,5% de notre ADN tous les autres gènes dit régulateurs ne sont jamais pris en compte dans un comparatif inter-espèce. Donc il est plus que raisonnable de dire que c'est un mensonge éhonté de dire que 98% de notre ADN est identique avec le chimpanzé.

"La méthode utilisée par l'équipe américaine est basée sur les ARN messagers (ARNm). Ces molécules permettent la formation de protéines en recopiant l'information contenue dans l'ADN. En se limitant à l'étude de ces ARNm, on se limite ainsi à la partie de l'ADN codant des protéines. Partant des banques d'ARNm qui existaient et en y appliquant un tri rigoureux (en se débarrassant du "bruit de fond", c'est-à-dire des séquences non liées à des gènes), le bio-informaticien arrive à une fourchette de 33630 à 34700 gènes contenus dans le génome humain."

Pour Info L'ARN ne correspond qu'à 1,5% de notre ADN total :

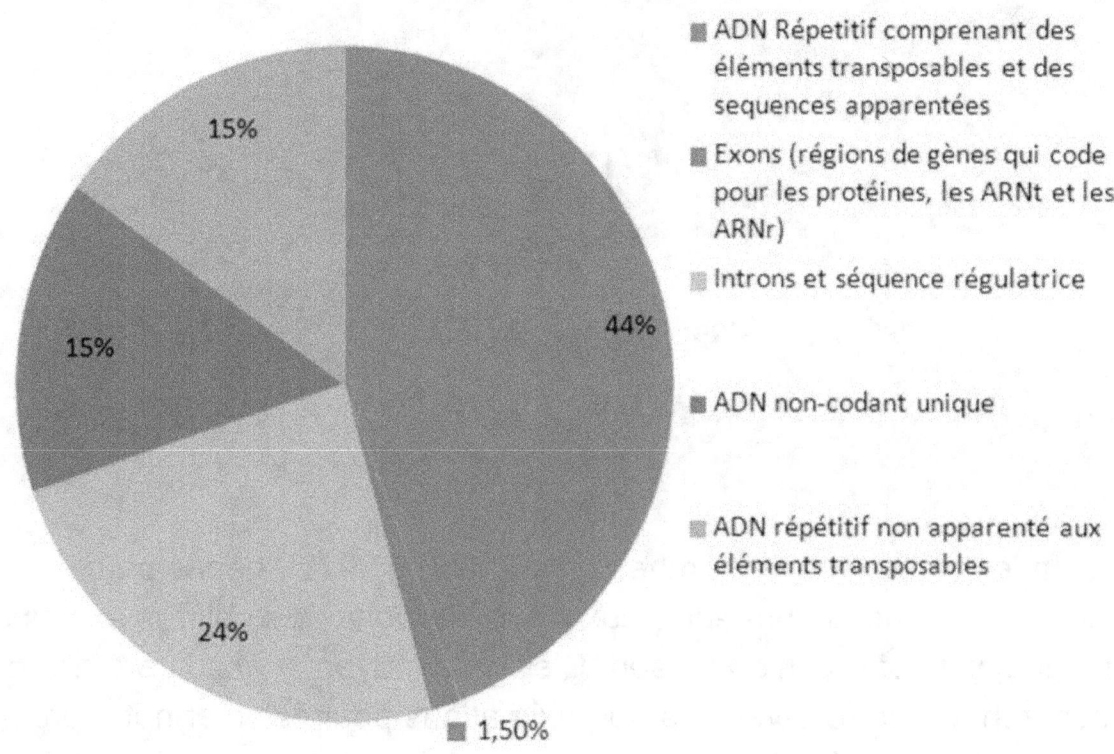

L'ADN est le support physique de l'information, il contient l'ensemble des gènes d'un être vivant. Ces gènes peuvent être exprimés afin de produire une protéine. L'ARN est une copie de l'information du gène, qui est transcrit puis traduit en protéine, ainsi L'ARN contient une infime partie de L'ADN, c'est pourquoi il est plus court, et qu'il se fabrique à partir des 1,5% correspondant aux Exons.

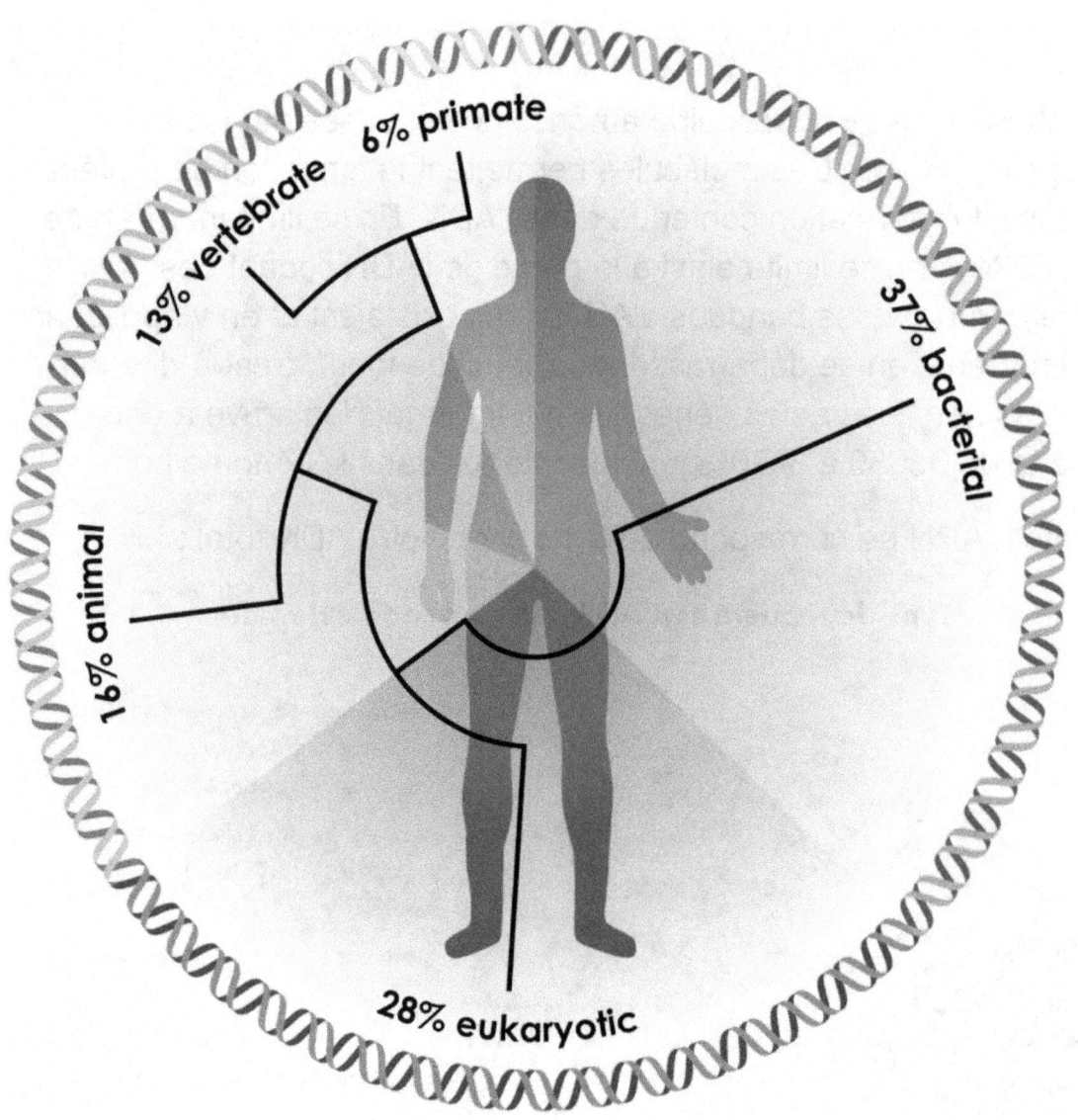

Selon les différentes recherches on a 23000 à 34700 gènes pour l'homme les chercheurs entre eux n'ont pas donné de chiffres exacts et aucun chiffre officiel n'en ressort. C'est une moyenne qui diffère d'une recherche à l'autre. Avec ces approximations pour calculer notre propre génome les chercheurs se permettent de faire une comparaison avec d'autres espèces avec une idée d'arrière-plan que la théorie de l'évolution est validée hors ce n'est pas le cas. Aucunes preuves scientifiques ne prouvent le transformisme d'une espèce se transformant en une autre. La microévolution est une évidence l'adaptation d'une espèce à son environnement, mais la macroévolution est un fantasme darwinien qui n'a jamais été prouvé, il est en de même pour la soupe prébiotique. Comment peut-on prendre qu'1,5% de notre ADN de 23000 à 25000 gènes codants et faire la comparaison avec les gènes codants d'un chimpanzé qui 38000 et dire ensuite dire qu'on a 98% d'ADN en commun ? C'est faux et archi faux et le scientifique biologique qui peut me prouver que ce chiffre est véridique je l'invite à m'écrire une lettre ouverte, ou d'organiser un débat contre moi pour la diffamation sur l'honnêteté des chiffres de la science officielle, je suis prêt à m'entretenir avec n'importe quel menteur du moment que je sais qu'ils ont manipulé les chiffres ouvertement en vue d'être en accord avec l'idéologie darwinienne.

L'équipe de Jian hi Zhang (University of Michigan, Ann Arbor, USA) a comparé 14.000 gènes utiles homologues dans le génome de l'homme et du chimpanzé afin de repérer les mutations liées aux adaptations, celles qui sont conservées au fil des générations pour les avantages qu'elles procurent. Zhang et ses collègues en ont décompté 233 chez le chimpanzé contre seulement 154 chez l'homme. Ces résultats sont publiés en ligne cette semaine par les PNAS.

14000 gènes homologues sur les 25000 gènes codant de l'homme = 56% en commun sur les 1,5% des gènes codant = 0,84% d'ADN en commun avec les chimpanzés on est très loin des 98% A cela il faut ajouter qu'on possède 46 chromosomes et que le chimpanzé 48 détail qui est souvent omis lors des comparaisons des 1,5% codant.

On estime que le génome humain comporte 20 000 gènes codant des protéines, ce qui ne représente qu'1,5 % de l'information. L'objectif principal du projet ENCODE est de déterminer le rôle de l'ADN non codant. On pense qu'il pourrait avoir un rôle dans la régulation de l'activité des gènes codants, et ainsi expliquer certaines maladies.

Le projet ENCODE est mené par un consortium, financé principalement par le National Human Genome Research Institute (NHGRI) américain, mais d'autres participants contribuent à la gestion du projet ou à l'analyse des données. Le projet pilote rassemblait 8 groupes de recherches. Après 2007 et la fin officielle du pilote, le nombre de participants était monté à 440 scientifiques provenant de 32 laboratoires du monde entier. Les résultats du projet montrent l'importance de l'ADN non codant, avec environ 80 % de l'ADN possédant une utilité, notamment dans la modulation de l'expression des gènes

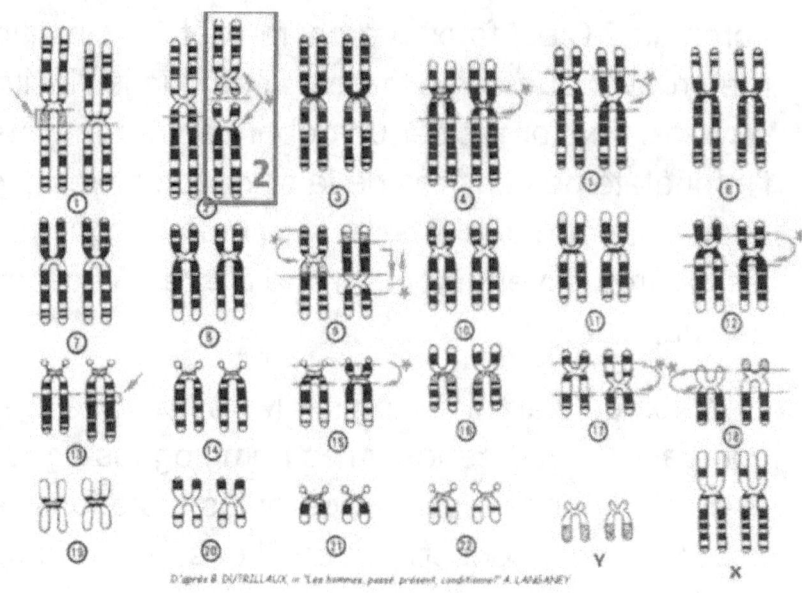

46 chromosomes pour l'homme
48 chromosomes pour le chimpanzée
dans la case 2 il y a 2 chromosomes pour le chimpanzé
voila le tableau rectifié pour 1 chromosome par case et les 48 chromosomes sont tous décalés

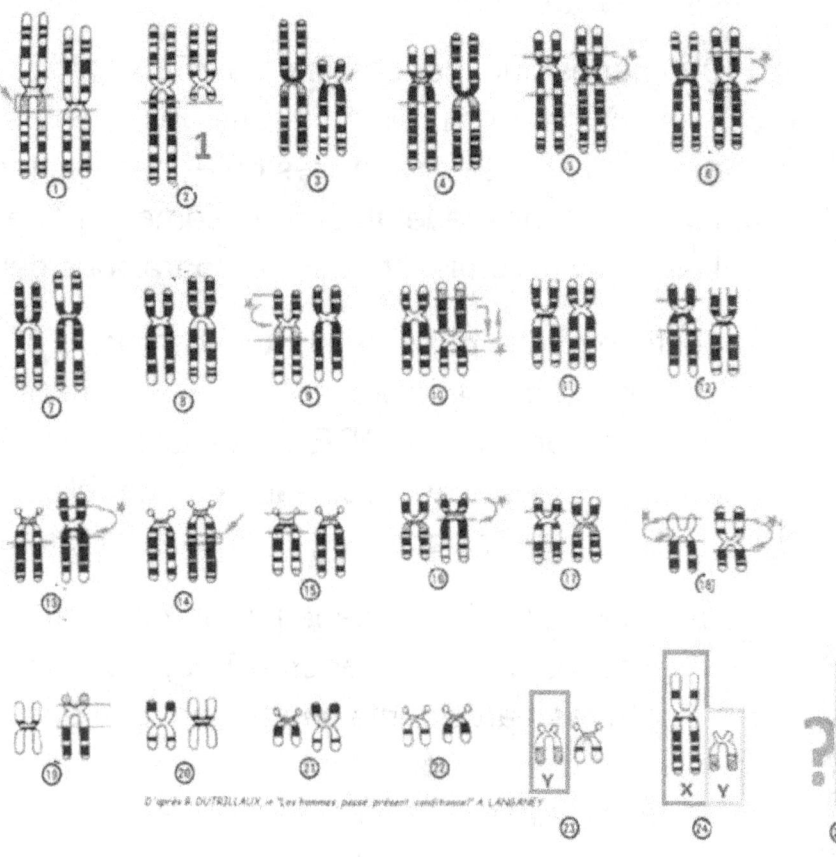

La molécule d'ADN, longue chaine de nucléotides, est le support de l'hérédité. Chez l'Homme, le génome est composé d'environ 3,3 milliards de paires de bases réparties en 46 chromosomes. Mais seul un faible pourcentage de cette longue séquence de nucléotides a pour fonction établie de diriger la synthèse des protéines, via une étape de transcription en ARN messager puis de traduction de cet ARN messager en chaine d'acide aminés. En effet, grâce au projet génome humain, on sait que l'ADN codant des près de 21 000 gènes humains représente environ 2 à 3 % seulement de l'ADN total. Si certaines fonctions des séquences non-codantes sont connues depuis longtemps, notamment dans la régulation de l'expression des gènes, le rôle éventuel de la majorité du génome restait une grande inconnue.

Alors après ce paragraphe comment peut-on oser dire qu'on a 98% en commun avec le chimpanzé ? Ou encore 50 % avec la banane ?

Ces chiffres sont des mensonges éhontés et n'ont rien de scientifique au contraire c'est un postulat pour aller dans le sens de la théorie de l'évolution et masquer la réalité : l'homme est unique et n'a pas son pareil dans tout le règne animal. Pour aller plus loin on peut affirmer que chaque espèce est unique et que rien ne présuppose que tous les autres êtres vivants ont une origine commune au contraire ils sont tous différents et bien distincts. La preuve en est : l'ADN qui est le programme fonctionnel de chaque être vivant, ne peut se transformer pour évoluer et changer tout son code génomique pour qu'un animal se transforme en une autre espèce cela n'arrive jamais et aucune preuve scientifique au monde ne prouvent ce transformisme inter-espèces.

Aussi le hasard n'a pas sa place dans la logique mathématique qu'on observe dans la création : il y a plus de chance qu'un avion de type Airbus A380 composé de plus de trois millions de pièces détachées soit assemblé sans l'aide de personne et par hasard dans la nature qu'une molécule d'ADN humain composée de plus 150 milliards d'atomes, s'assemble par magie toute seule avec des probabilités de combinaison qui se comptent en puissance de 10. Pourtant lors de la formation du corps humain les molécules d'ADN s'assemblent du premier coup sans erreur dans la seule combinaison possible, en suivant le programme inscrit dans cette même molécule. Les mutations génétiques existent mais sont soit des erreurs génétiques soit plus qu'une mutation on doit parler d'activation de gène endormie quand une espèce s'adapte à son environnement. Car en effet quand on parle de mutation génétique il s'agit soit d'une erreur génétique du à un facteur extérieur, comme des radiations ou un changement de climat, ou un héritage génétique possédant déjà une anomalie. Ce genre de mutations peuvent créer un membre en plus ou plusieurs comme par exemple une grenouille à 7 pattes, ou encore une mutation héréditaire comme les lions blancs albinos qui peuvent se reproduire. Mais aucune mutation existante ou observée ne peut transformer une espèce en une autre espèce, c'est mathématiquement impossible à cause des gènes et des chromosomes propres à chaque espèce. Par exemple l'homme possède le gène mir-941 :

Dirigée par le Dr Martin Taylor, de l'Institut de génétique et de médecine moléculaire à l'Université d'Édimbourg, Appelé miR-941, ce gène est très actif dans deux zones du cerveau qui contrôlent nos prises de décision et nos compétences langagières. Des fonctions cérébrales avancées qui font de nous des humains. Or, selon les auteurs, c'est la première fois qu'il est démontré qu'un gène unique à l'espèce humaine a une fonction spécifique. La suite de l'article :

« Pour le dénicher, l'équipe a comparé le génome humain à celui de 11 autres mammifères, dont les chimpanzés, les gorilles, des souris et des rats. Elle a ainsi constaté que seul le premier comporte le gène miR-941, apparu, selon les chercheurs, entre -6 et -1 million(s) d'années, soit après que la lignée humaine a divergé de celles des grands singes.

Selon les chercheurs, ce gène aurait émergé, déjà 'opérationnel', d'ADN non-codant, dans un intervalle de temps étonnamment bref en termes d'évolution. *"En tant qu'espèce, les êtres humains sont merveilleusement inventifs – socialement et technologiquement, nous évoluons tout le temps Mais cette recherche montre que nous innovons au niveau génétique aussi"*, conclut le Dr Taylor.

Nous voilà en face des avis sans preuves des chercheurs, je résume : un gène qui n'existe que chez l'homme, il serait apparu il y a -6 et -1 million d'années le gène mir 941 aurait émergé lors de la séparation entre la lignée humaine et celle des grands singes. Hors cela ne peut être ni une mutation ni une évolution car ce gène n'existe pas ailleurs. Ce constat est un fait, après avoir trafiqué les pourcentages comparatifs inter-espèces, voilà maintenant qu'il se permettent d'affirmer que selon la théorie non-validée et non-vérifiée de l'évolution, l'homme aurait cette mutation qui n'en ait pas une du à sa séparation supposée avec la lignée des grands singes. Ce n'est que de l'affirmation gratuite sans l'ombre d'une preuve scientifique, tout cela pour être en accord avec un consortium de scientifiques pro-darwiniste qui font fi de ne pas voir la réalité en face notamment lors de certaines découvertes archéologiques ou biologiques qui contredisent leur thèse. Citons comme exemple le gène mir-941 qui prouve qu'on n'explique pas tout avec des mutations, et que le gène mir-941 est bien opérationnel et n'a pas muté depuis une zone endormie de l'ADN, ce n'est que de la mauvaise foi.

Pour l'archéologie interdite : les fameux crânes de Paracas du Pérou qui ne sont jamais mis en avant ni dans les livres d'histoire ni dans les grandes revues scientifiques de peur de mettre à mal définitivement leur pseudo-théorie.

Différence entre l'homme et la souris

- celui de la souris comporte 20 chromosomes et 2,7 milliards de paires de base (soit 15% de moins que l'homme).

- le génome murin est légèrement plus petit (14 %) que le génome humain.

- plus de 90 % des deux génomes correspondent à des régions portant des gènes de même fonction et dans le même ordre. Cet ordre paraît important pour le fonctionnement du génome et n'est sans doute pas lié au hasard.

- il existe 60 % de différences entre les génomes au niveau des 4 bases, ATGC (unités élémentaires dont l'ordre est identifié par le séquençage). La vitesse des changements de ces bases dans l'évolution a été environ deux fois plus rapide chez la souris.

- 80 % des gènes murins ont un gène orthologue chez l'homme. Seulement 1 % des gènes murins n'a aucun équivalent chez l'homme et il existe de grandes analogies entre les deux espèces dans les systèmes et leur fonctionnement.

« Le séquençage du génome de la souris, complété récemment, va probablement apporter son lot de "révolutions scientifiques". Avec ses 2,5 milliards de nucléotides, il est 14% plus petit que le génome humain. L'homme et la souris (Mus musculus) possèdent 99% de gènes homologues (c'est-à-dire identiques ou proches). La souris est donc un merveilleux organisme pour mieux comprendre les mécanismes du cancer, des maladies génétiques, mais aussi nous permettre de comprendre l'embryogenèse, ainsi que l'évolution. »

FUTURA SANTE

Voilà encore un exemple d'illogisme grandeur nature de scientifique corrompu à la sauce darwinienne. Comment peut-on croire ne serait-ce qu'une seconde que la souris est l'ancêtre de l'homme ou encore de tout le règne animal terrestre actuel ? De plus pourquoi la souris ne se transforme plus aujourd'hui ? Pourquoi aucun poisson ne se transforme en quadripède ? Quand on fait une affirmation il faut le prouver c'est la base de la science, alors qu'ici on nous affirme une hypothèse comme un fait avéré, hors c'est faux et archi-faux. 99% de gènes homologues est une information fausse et elle est donné consciemment pour nous mettre intentionnellement une idée préconçue en tête.

Aucune preuve biologique ne prouve qu'une souris peut se transformer en tout un règne animal et varié. Pour cela il suffit de faire un peu d'algèbre prendre le génome de la dite souris et de calculer le nombre de probabilité qu'il faut pour que ce petit animal soit à l'origine de toute la faune terrestre, et éventuellement trouver des fossiles intermédiaires de transformation inter-espèce qui n'ont jamais été découvert pour aucune transformation répertoriée : aucun fossile intermédiaire n'a jamais été mis à jour pour la transformation d'une souris en chat, ou d'un poisson en lézard, ou d'un cheval en baleine.

Tout cela est une idéologie imposée et non vérifiée.

	Taille du génome (nucléotides)	Nbre de gènes (protein-coding)
Amoeba dubia	~ 670 000 000 000	?
Psilotum nudum	~ 250 000 000 000	?
Fritillaria assyriaca	~ 100 000 000 000	?
Necturus lewisi	~100 000 000 000	?
Homo sapiens	2 900 000 000	23 000
Vitis vinifera	487 000 000	30 400
Drosophila melanogaster	160 000 000	14 000
Arabidopsis thaliana	115 000 000	28 000
Caenorhabditis elegans	98 000 000	19 400
Saccharomyces cerevisiae	12 500 000	5 800
Escherichia coli	4 600 000	4 300

Le Pérou le chandelier de Paracas et les lignes de Nazca

Pour l'archéologie interdite : les fameux crânes de Paracas du Pérou qui ne sont jamais mis en avant ni dans les livres d'histoire ni dans les grandes revues scientifiques de peur de mettre à mal définitivement la version officielle. Le Pérou compte bien nombres de mystères : Le Chandelier, les lignes de Nazca et les crânes de Paracas, ça fait beaucoup d'énigmes pour un seul endroit. Les images parlent d'elles-mêmes :

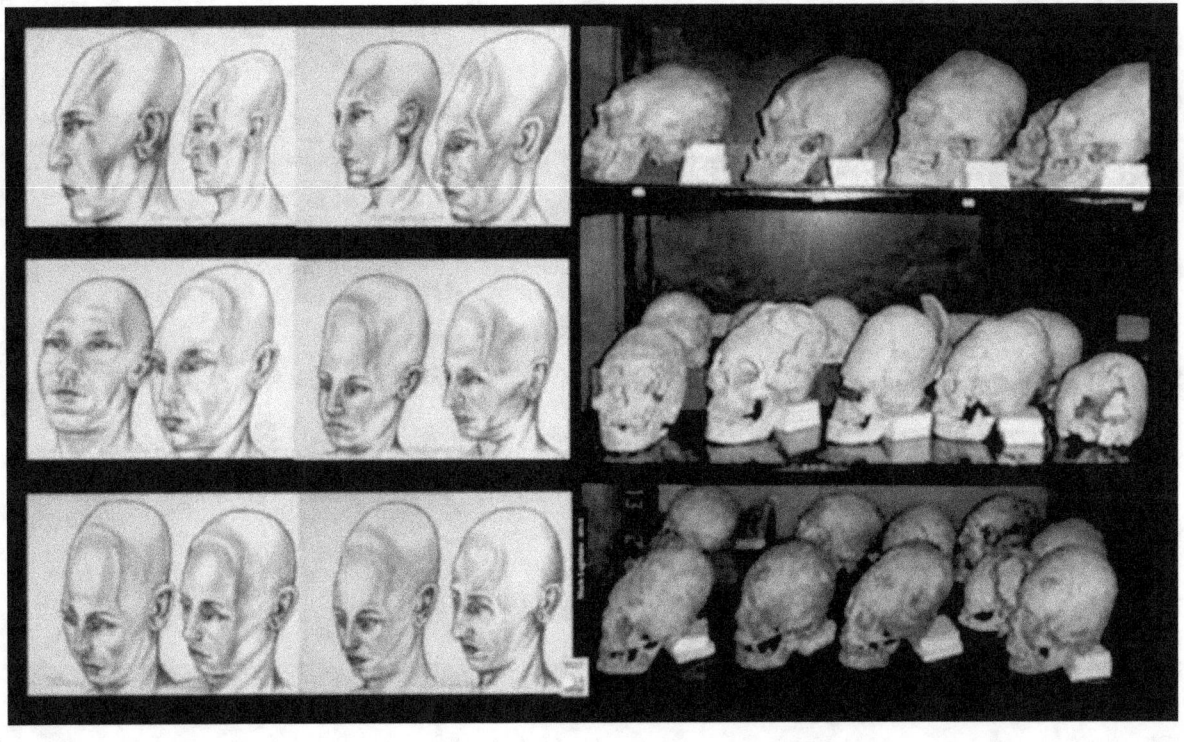

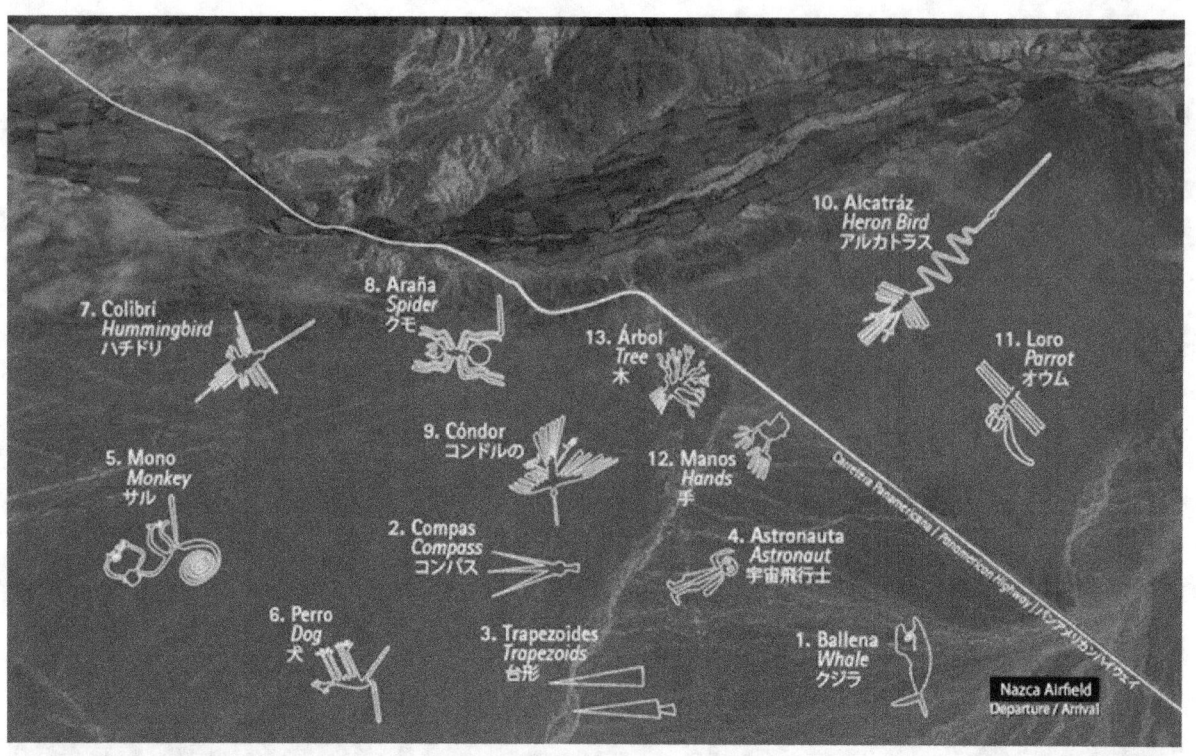
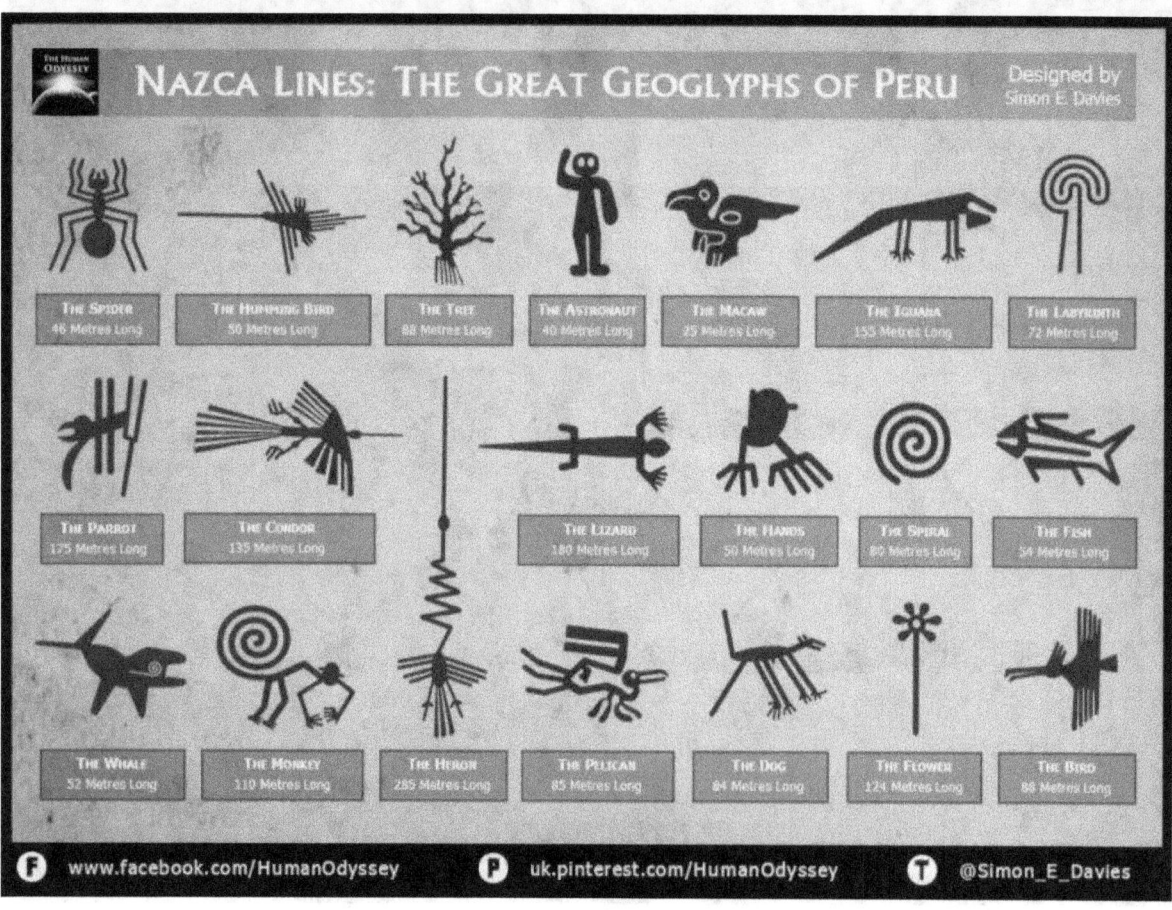

Une étude génétique d'envergure révèle que 90 % des espèces animales sont apparues en même temps.

L'étude de l'ADN mitochondrial dans le cadre d'une recherche génétique de grande envergure vient de révéler que 90 % des animaux, ou plus exactement 9 espèces animales sur 10 sont apparus sur Terre à peu près en même temps que l'homme, il y a 100 000 ou 200 000 ans.

Les espèces animales sont aussi éloignées les unes des autres que les galaxies.

La méthode employée par les chercheurs a consisté à utiliser l'ADN mitochondrial qui est plus facile à décoder que l'ADN nucléaire propre à chaque individu avec ses 3 milliards de paires de molécules organisées en milliers de gènes. Les mitochondries sont les usines énergétiques des cellules ; elles comportent un ADN particulier avec 37 gènes, dont le gène COI qui permet de relever un « code barre ADN » particulier à chaque espèce. Facile d'accès, peu onéreux à étudier, il permet par exemple de vérifier si une viande vendue comme du bœuf est en réalité du cheval, ou si un bonbon gomme « halal » contient de la gélatine de porc. Similaires mais bien distincts selon les espèces, ces « codes-barres » permettent de les identifier efficacement.

Ce fameux gène COI a même l'élégance de correspondre « presque à la perfection avec les désignations des espèces déterminées par des experts spécialisés dans chaque domaine animal », souligne Thaler.

Pour l'étude en question qui a été menée sur une dizaine d'années, on ne s'attendait certainement pas à trouver une aussi grande « uniformité » à l'intérieur des espèces, ni une telle absence de passerelles entre elles.

L'étude génétique qui révèle que les mutations ne sont pas proportionnelles au nombre d'individus des espèces

Il a ainsi été constaté que, contrairement à ce que voudrait l'« évolution » enseignée dans les manuels de biologie, les espèces ne sont pas d'autant plus génétiquement diverses qu'elles se sont beaucoup répandues et multipliées à travers le temps.

« La réponse est non », lance Stoeckle, auteur principal de l'étude publiée par *Human Evolution*. Qu'il s'agisse des 7,6 milliards d'êtres humains qui peuplent la planète, ou des 500 millions de moineaux domestiques, ou des 100.000 bécasseaux, la diversité génétique « est à peu près la même ».

En outre, comme l'explique Thaler, les espèces ont des frontières génétiques très nettes, et il n'y a pas grand-chose qui permette de les relier entre elles. « Si les individus sont des étoiles, alors les espèces sont des galaxies. Ce sont des amas compacts dans l'immensité de l'espace vide de séquences », s'est-il étonné dans un entretien avec l'AFP.

L'étude de l'ADN mitochondrial dans le cadre d'une recherche génétique de grande envergure vient de révéler que 90 % des animaux, ou plus exactement 9 espèces animales sur 10 sont apparues sur Terre à peu près en même temps que l'homme, il y a 100.000 ou 200.000 ans. L'un des principaux auteurs, David Thaler, généticien à l'université de Bâle, reconnaît que la conclusion de sa recherche est « très surprenante ». « Je l'ai combattue autant que je l'ai pu », avoue-t-il. Pourquoi ? Parce qu'elle ne « colle » pas avec les faux dogmes obligatoires de ce qui demeure une théorie.

Source :

https://phys.org/news/2018-05-gene-survey-reveals-facets-evolution.html

Donc comment peut-on analyser les résultats d'une étude en ayant un esprit clair, quand les résultats de ces propres analyses contredisent de manière formelle la théorie officielle ? La science n'a pas besoin de religions ni de dogmes ancrés, qui empêchent le progrès du développement intellectuel d'une civilisation. Et quelques soient les découvertes archéologiques ou biologiques, on se doit de rester impartial lors d'une découverte même si on doit tout remettre en question, c'est la suite logique vers une science perfectible.

Les mutations génétiques

Les mutations génétiques sont la clé de voute de l'hypothèse évolutionniste. Tout d'abord il faut connaitre sa définition exacte avant de vouloir la détourner de son sens premier.

Les gènes signalent à chacune de nos cellules comment fonctionner et comment se réparer. Ils se trouvent situés sur les chromosomes. Chaque chromosome est constitué d'une double hélice d'ADN organisée selon une séquence très précise, c'est le « code génétique ». En cas d'altération de l'ADN ou d'anomalie dans cette séquence génétique, cela peut conduire à une mutation génétique, le fonctionnement du gène est modifié voire totalement défectueux.

Toutes les cellules de notre corps contiennent 23 chromosomes en double exemplaire. Pour chaque paire de chromosome, un exemplaire nous vient de notre mère, l'autre de notre père. Les gènes, localisés sur les chromosomes, existent donc en double exemplaire dans chacune de nos cellules, l'un provient de notre mère, l'autre de notre père.

Hors les mutations ne sont que des erreurs génétiques qui apparaissent soit par erreur soit par activation d'un gène endormie. Ils peuvent par exemple être le résultat d'un être à 3 bras ou d'une erreur chromosomique, ces erreurs ne sont pas transmissibles lorsqu'elles sont physiques par contre les erreurs chromosomiques sont à part car elles sont du domaine spécifique lié au cerveau.

Aussi il faut signaler que ce ne sont pas les mutations génétiques qui sont le résultat d'une espèce actuelle mais la sélection naturelle. En effet comme chaque individu est propre et unique, les géniteurs transfèrent la moitié de leur code génétique lors de la reproduction. Cela a pour effet d'avoir un génome composé de séquences réparties équitablement de la mère et du père dans l'ADN complet de l'individu. Ce procédé permet d'avoir les traits et les aptitudes des géniteurs en faisant une sélection des gènes importants ainsi l'embryon possède dans ces cellules un héritage et non une évolution ou une mutation. Dans le cadre d'organismes irradiées par accident ou volontairement des mutations génétiques s'opèrent mais ce n'est en aucun

Evolution ou régression et biodiversité

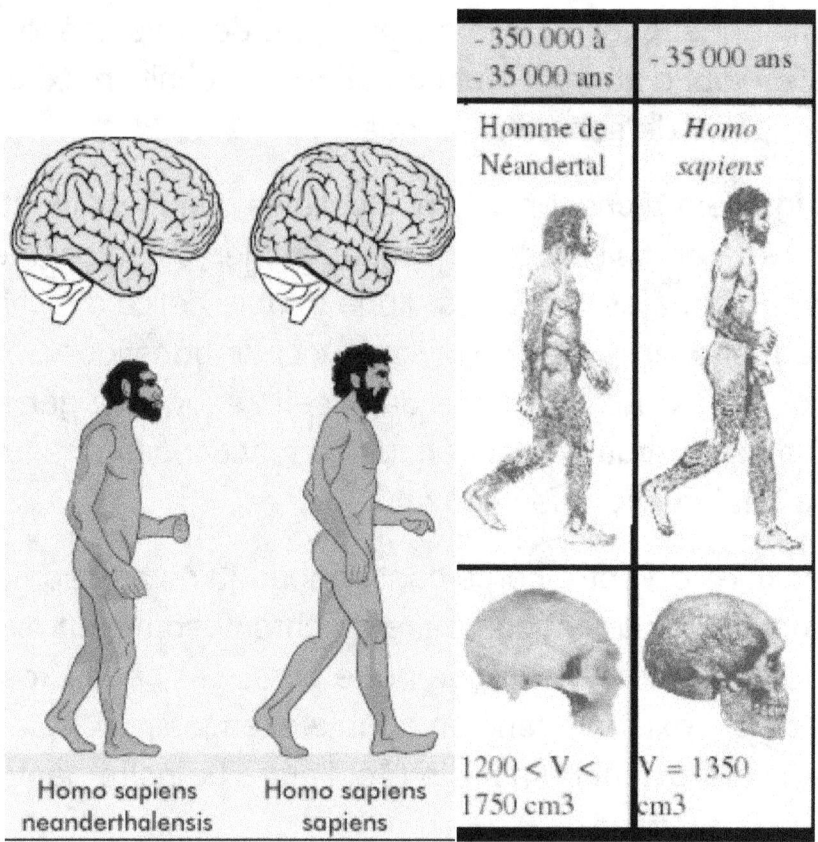

L'homme de Neandertal avait un cerveau de 1750 cm3 au maximum pour 1350 cm3 au maximum pour l'homme moderne. Le constat des faits constatés est que la taille a diminué et on ne peut appeler ça une évolution ou une mutation, car c'est une régression de la taille du volume du cerveau c'est indiscutable. L'ancêtre direct des homo-sapiens l'homme de Neandertal possédait aussi des spécimens de grandes tailles.

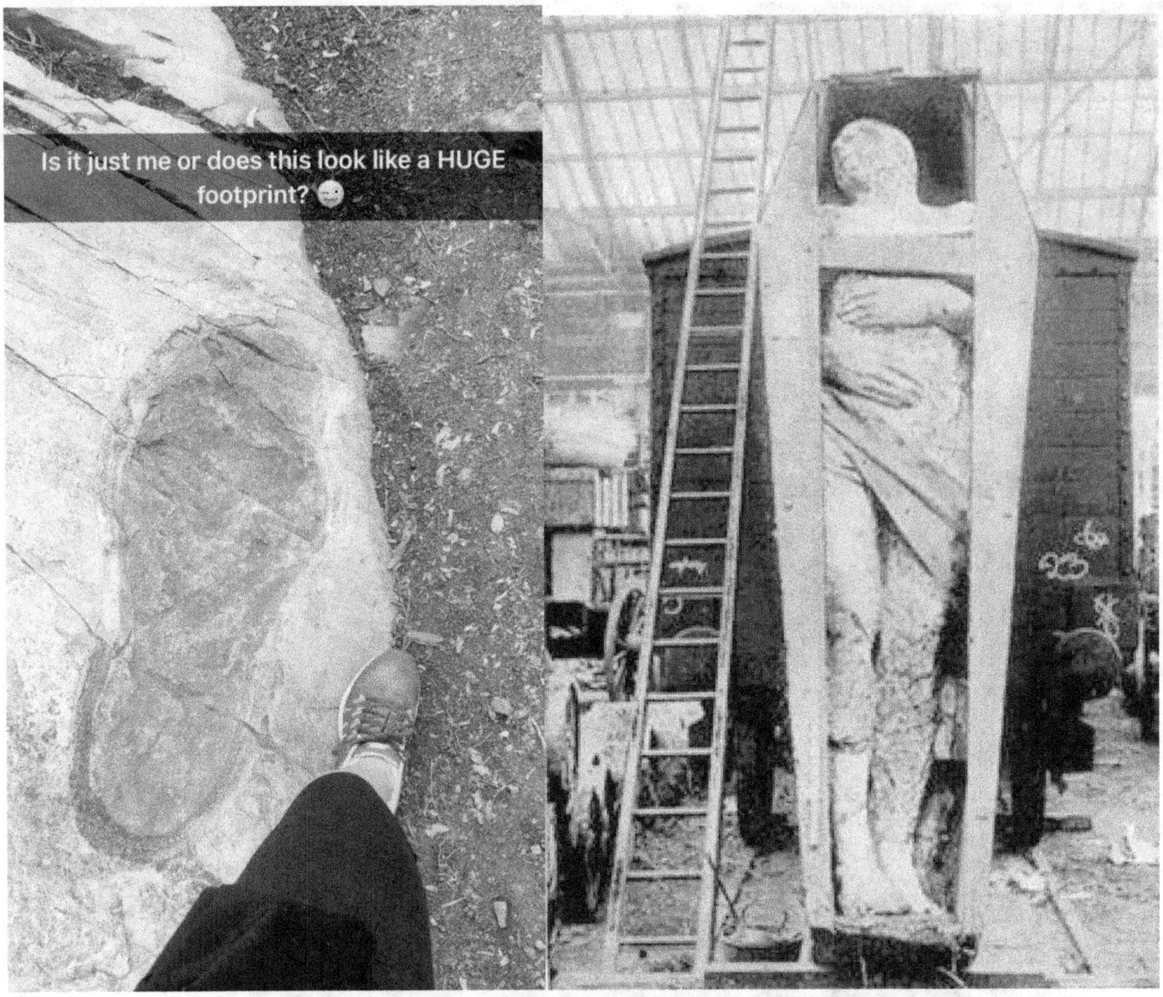

Des empreintes de pas de millions d'années et le géant Irlandais de 3.71m *

Scholl Ambras 2m6 véritable armure fait sur mesure autour du 15e siècle

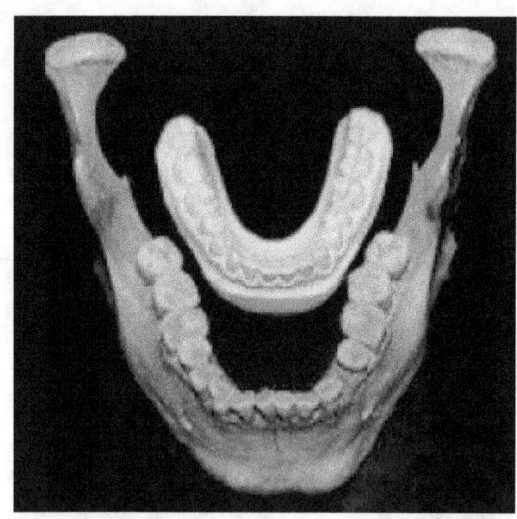

Géant d'Arabie Saoudite environ 4m5

http://objectiveministries.org/creation/news.html

*Mr. Dyer, après avoir montré le géant à Dublin, est venu en Angleterre avec sa découverte bizarre et l'a exposée à Liverpool et Manchester demandant six pence par visite. Ensuite Mr Dyer a payé un certain Kershaw pour s'occuper de l'affaire et la trace du géant a ensuite disparu.

Beaucoup de découvertes « dérangeantes » pour la « science officielle » ont été détruites depuis quelques siècles, et surtout depuis l'avènement du « darwinisme » et de son évolution unique des espèces, ce incluant l'humanité et une soi-disant origine unique, jamais prouvée !

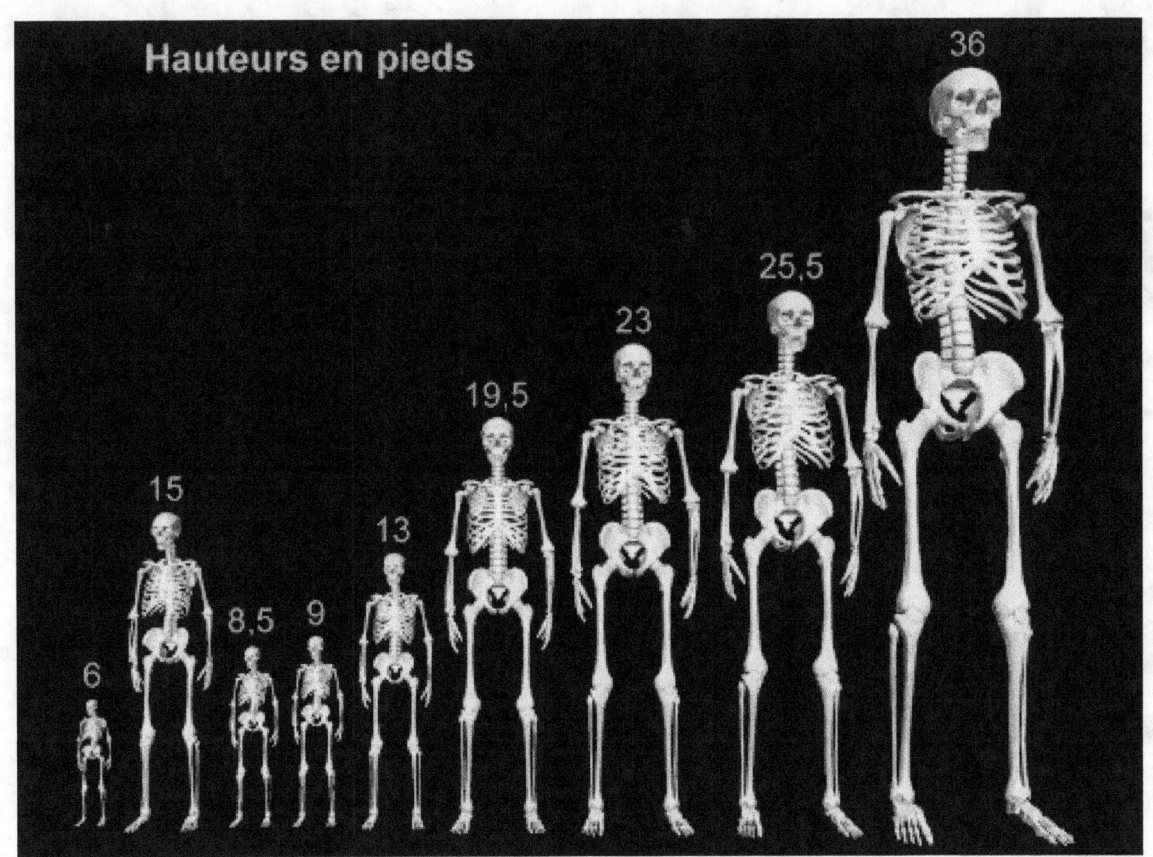

Plusieurs découvertes archéologiques démontrent une présence des géants sur Terre. Partant de là peut-on dire ouvertement qu'ils n'ont pas existé car cela voudrait dire qu'il n'y a pas eu une évolution mais une régression. C'est un fait scientifique indéniable. Aussi il est à noter que le pourcentage d'oxygène provoque un gigantisme des espèces :

Ce méganeura sur la photo, apparenté aux libellules et aux demoiselles actuelles, appartient à une lignée qui existait depuis le Carbonifère (-300 Ma). Il vivait dans les forêts tropicales, près des cours d'eau et des lacs. Ses ailes, renforcées par des nervures, ont une envergure de 75 centimètres. Le gigantisme du spécimen s'explique par le taux élevé de dioxygène atmosphérique qui existait en ces temps-là, autrement plus important que les 21 % qui règnent aujourd'hui sur notre planète.

A cette époque il y a 300 millions d'années le taux d'oxygène était à 50% plus important qu'aujourd'hui. Peut-on parler d'une évolution ou d'une régression ? La question est posée. Et la réponse est évidente c'est une régression de la taille du spécimen entre son ancêtre préhistorique de 70cm et son équivalent contemporain qui arrive à peine à 10cm.

Le plus grand invertébré vivant sur terre, connu de tous les temps... Le plus gros arthropode ayant existé est l'Arthopleura : il s'agit d'un lointain cousin du mille-pattes, qui pouvait mesurer la taille de 3m et pesait 500 kilos.

Sur les quelque 10 000 espèces de mille-pattes connues, Illacme plenipes est le myriapode en ayant le plus, avec 750 pattes. Après une première observation en 1926, il a été redécouvert en Californie en 2006. Archispirostreptus gigas semble être le plus long, avec un record de 38,5 cm. La plupart des mille-pattes communs font à peine 10cm.

Les mensurations des lions des cavernes sont uniquement basées sur les fossiles. Il était bien plus grand que les lions actuels, les plus gros mâles pouvant mesurer jusqu'à 3,5 mètres de long (soit environ 25 % de plus que les lions actuels). La plupart devaient avoir une taille plus modeste, un crâne trouvé près de Vence (Alpes-Maritimes) mesurant 36 cm (30 à 40 cm chez les lions actuels). Le plus grand crâne de lion des cavernes provient d'Angleterre et mesure 43 cm. Cependant, les lions des cavernes possédaient un crâne plus court que ceux des lions actuels, ce qui laisse penser, par déduction, qu'ils étaient plus grands. Les mâles pesaient entre 250 et 320 kg (chez les lions modernes, le poids varie entre 140 et 215 kg), et les femelles, plus petites, près de 175 kg (contre 110 à 170 kg pour une lionne moderne).

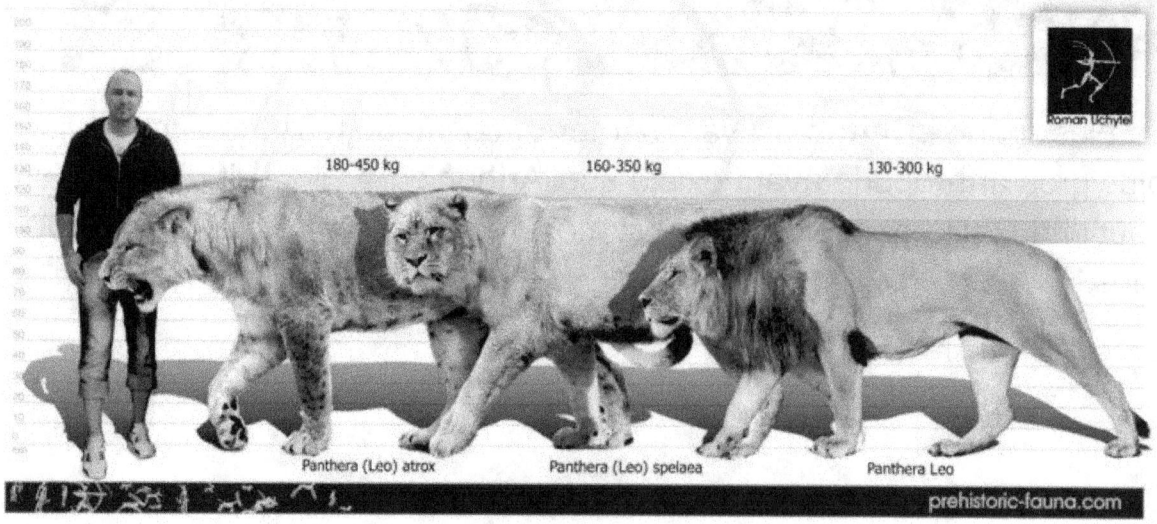

Le tigre de Sibérie face au smilodon ou Tigre à dent de sabre :

Contrairement à celui de Sumatra, cette espèce était robuste et de grande taille ; un peu plus grande que le rhinocéros blanc africain, elle mesurait de 1,6 à 2 mètres de hauteur au garrot et jusqu'à 3,5 mètres de long, pour un poids de 2 à 3 tonnes.

Sa tête mesurait près du mètre. Elle était dotée de deux cornes, la plus grande mesurant près d'1,30 m et étant soutenue à sa base par une cloison nasale partiellement ossifiée.

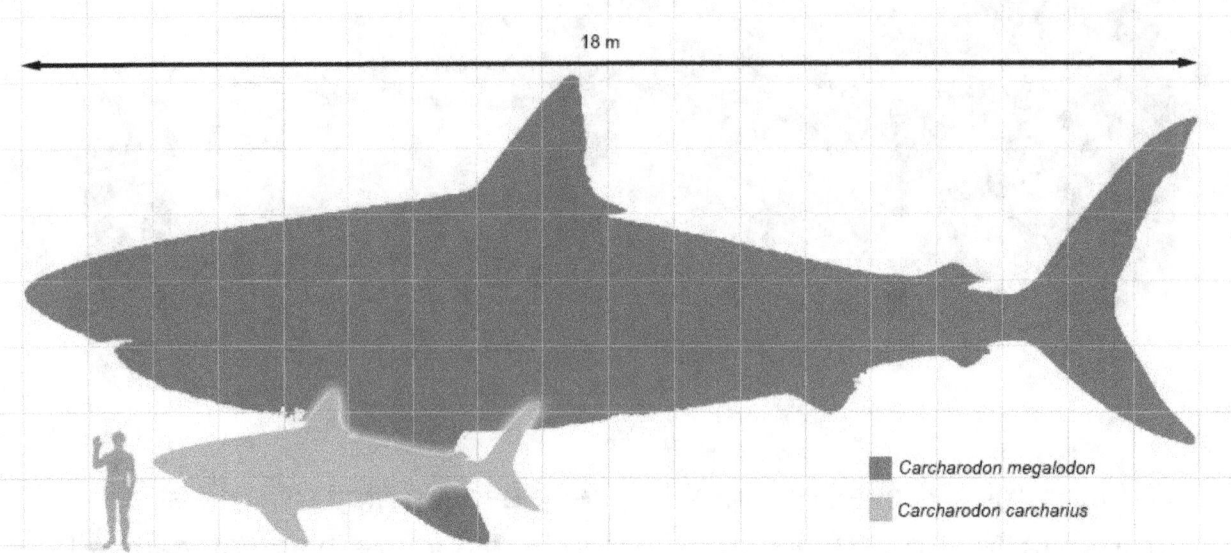

Les comparaisons du mamouth et de l'éléphant actuel et du mégalodon face au requin blanc sont éloquent les ancêtres étaient plus massif plus imposant et largement plus grands et lourds que leur représentants actuels. Contrairement aux insectes qui avaient connus un épisode chanceux avec un taux d'oxygène élevé provoquant un gigantisme élevé. On ne peut pas dire la même chose pour le tigre à dent de sabre, le crocodile imperator le mamouth et le mégalodon qui avait une atmosphère similaire à la notre du moins pour le taux d'oxygène.

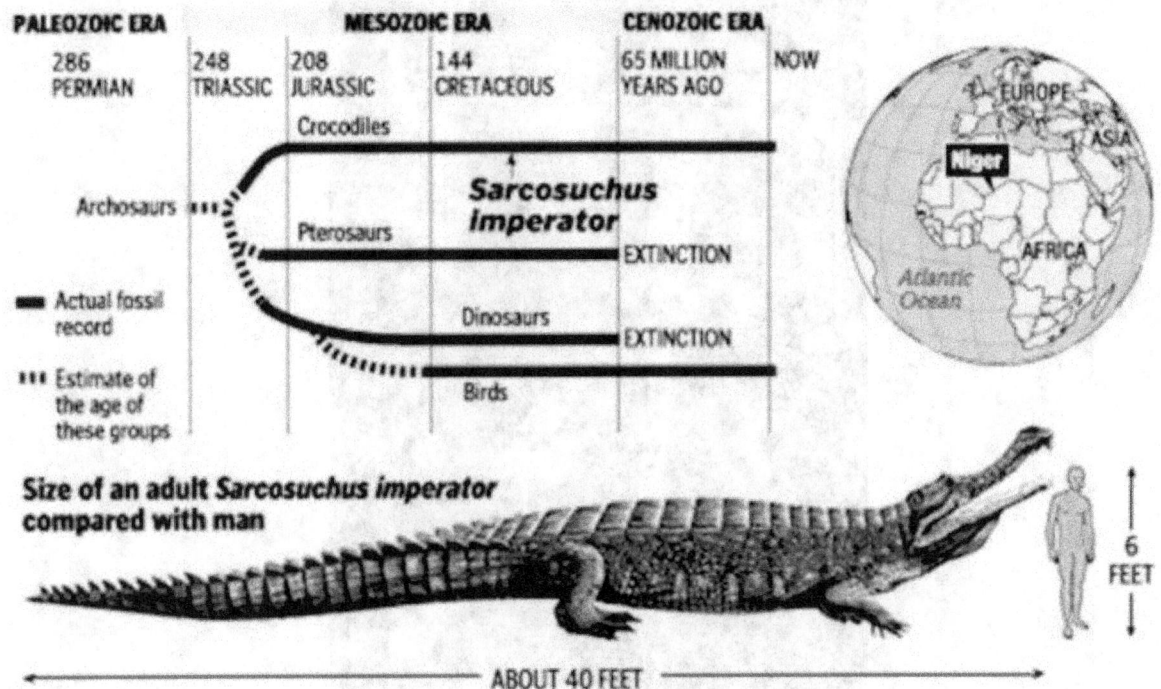

Il en va de même pour le crocodile préhistorique qui ne fait qu'une bouchée du crocodile actuel. Pouvant atteindre plus de 11m le sarcosuchus imperator était le prédateur le plus furtif pour ses attaques malgré son poids de 12 tonnes il utilisait les mêmes techniques de chase que son homologue actuel.

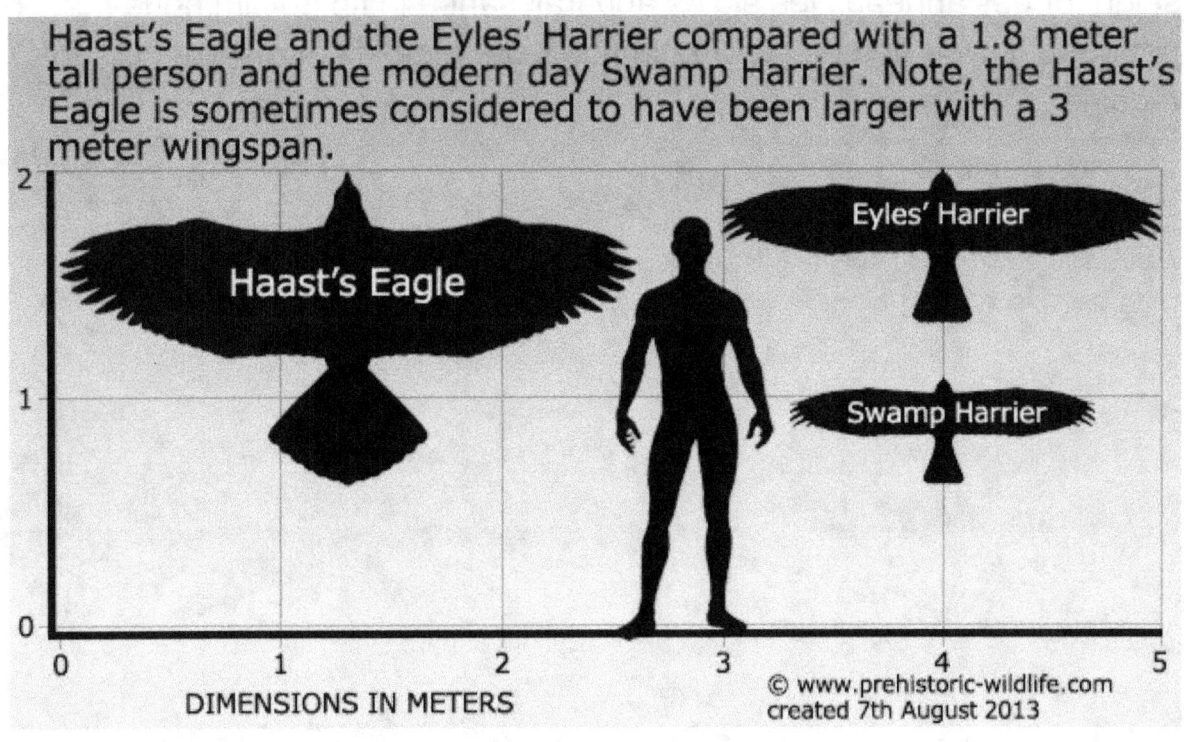

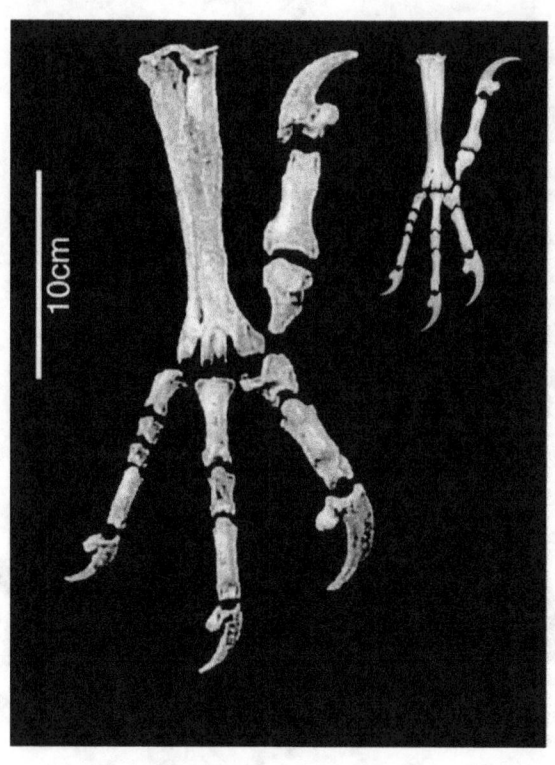

L'aigle de Haast

Plus grand que tous les aigles actuels, il avait de robustes pattes et des serres semblables à de griffes de tigre. Son crâne fossilisé, mesurant 16,5 cm, rappelle celui de l'aigle d'Australie en plus grand. L'absence de prédateurs et l'abondance de proies lui a permis de s'adapter à son environnement spécifique et à prendre une taille immense. Dans le seigneur des anneaux les aigles apparaissant à la fin du film nous permette d'avoir une représentation de cette aigle disparu il y a 500 ans à peine.

Article de presse expliquant le pourcentage en commun de l'ADN

L'idée que l'homme partage la moitié de son ADN avec la banane se retrouve régulièrement dans la presse. On en retrouve trace en 2014 : 50% de l'ADN humain est identique à celui de la banane ! ou encore, en 2018, dans Business Insider, à hauteur de 60 %.

La plus ancienne occurrence trouvée de cette affirmation remonte à 2002. Il s'agit d'une retranscription d'une intervention orale du professeur Steve Jones. Il disait : «"L'Homme est-il un Animal comme un autre", tel est mon sous-titre, et la réponse est évidemment oui. Après tout, nous partageons 98,8 % de notre ADN avec le chimpanzé et si cela ne fait pas de nous un animal comme un autre, je ne sais pas ce qui le fera. Ceci dit, cela vaut le coup de se rappeler que nous partageons aussi 50 % de notre ADN avec les bananes et cela ne signifie pas que nous sommes moitié banane. Il y a donc des limites à ce que la génétique peut nous dire sur ce que cela signifie d'être humain».

Cette affirmation peut surprendre quand on sait que le l'ADN du bananier - complètement séquencé en 2012 - est six fois plus petit que celui de l'homme... ce qui rend impossible, d'un point de vue mathématique, l'affirmation de Steve Jones. CheckNews n'a pas réussi à joindre l'auteur du propos, aujourd'hui retraité, pour préciser ses propos.

La précision importante ici est la différence entre ADN et gène. Chez Homo sapiens, les gènes ne représentent qu'environ 2 % du total de l'ADN. Pour ajouter à la confusion, le mot génome n'a pas la même signification en fonction des usages. Il désigne parfois la totalité des l'information génétique (l'ADN total) et parfois l'ensemble de la partie codante (les gènes). Peut-on dire pour autant que nous avons 50 % de nos gènes en commun avec la banane (soit 1 % de notre ADN) ?

Le bioinformaticien Mathieu Rouard, spécialiste du génome du bananier à Bioversity International, explique que «Nous partageons un ancêtre commun avec les plantes, estimé à 1,5 milliard d'années. L'essentiel de la machinerie cellulaire (ex : Réplication de l'ADN, contrôle de l'expression des gènes ou encore synthèse de protéines) était probablement présent dans notre ancêtre eucaryote commun. Nous partageons donc des gènes communs avec le bananier comme avec les autres plantes. Le génome du bananier n'a pas de spécificité particulière au regard de sa proximité avec l'homme».

Protéines homologues

Il faut par ailleurs s'entendre sur ce qu'est un gène identique. Le National Human Genome Research Institute (NHGRI), qui est cité comme la source de Business Insider pour dire que l'Homme et la banane partagent 60 % de «similarité génétique» apporte une précision à CheckNews : «Environ 60 % des gènes de banane ont un homologue chez l'humain».

Ce ne sont pas des gènes identiques (qui ont le même code à la lettre prêt), mais ce sont des gènes, conservés au cours de l'évolution des espèces et qui codent pour une fonction similaire. «En général, pour des espèces éloignées, on ne compare pas la séquence des gènes mais plutôt les séquences des protéines pour lesquelles ils codent», explique Mathieu Rouard. Stricto sensu, on ne parle pas de gènes identiques mais plutôt de gènes homologues (qui partagent une origine évolutive commune).

Enfin, attaquons-nous au chiffre : 50 % ? 60 % ? D'autres avancent des chiffres de 17 % ou 35 %. «Vu la divergence très ancienne, Il est difficile de déterminer toutes ces relations d'homologies avec précision. Ça pourrait être plus ou moins selon le nombre de gènes présent chez l'ancêtre commun. Aucune étude publiée n'a encore répondu à cette question», répond Mathieu Rouard.

Un tiers ? Un cinquième ? Ou 60 % ?

D'où sort le 60 % du NHGRI ? «D'une expérience non publiée mais dont les résultats avaient été évoqués dans une exposition du Smithsonian Museum of Natural History», répond Lawrence Brody, directeur du département génétique et société du NHGRI. Il a expliqué la signification de ce chiffre à CheckNews.

Les chercheurs ont comparé les séquences des protéines humaines et des protéines de bananiers. Ils ont trouvé 7000 homologues. C'est-à-dire 7000 protéines qui ont la même fonction. Ces homologues sont, en moyenne identiques à 60 %. Business Insider avait donc raison quand il parlait de «proximité génétique». Les protéines homologues entre le bananier et l'humain sont, en moyenne, semblables à hauteur de 60 %.

Ce chiffre ne signifie donc pas que 60 % des gènes du bananier et de l'humain sont homologues. En effet si on rapporte les 7000 homologues trouvés à la taille des parties codantes des génomes respectifs, on trouve des chiffres différents.

Chez Homo sapiens, la partie codante du génome représente environ 20 400 gènes. Un tiers a donc un homologue chez la banane. Chez le bananier, la partie codante du génome comporte environ 35 000 gènes. Un cinquième a donc un homologue chez l'humain.

Source de l'article de libération :

https://www.liberation.fr/checknews/2019/05/22/est-il-vrai-que-les-bananes-et-les-humains-partagent-50-de-leur-adn_1722185

Voila le genre d'article qui a le mérite d'exister malgré le flou artistique entre le oui mais non, et le non mais oui. Encore faut il savoir que la partie codante de l'ADN ne représente que 1,5% de l'ADN total cela veut dire que la banane n'a même pas 2% en commun d'ADN avec l'homme. C'est mathématique et factuel on ne peut pas mentir avec ce constat.

Le nombre d'or et la création

Le nombre d'or, section dorée, ou encore divine proportion, n'est ni une mesure, ni une dimension, mais un rapport (une proportion) entre deux grandeurs homogènes. On le désigne habituellement par la lettre φ (prononcé « phi ») en hommage au sculpteur grec Phidias qui a décoré le Parthénon à Athènes. On retrouve cette divine proportion chez beaucoup de peintres, dans les cathédrales gothiques, sur les façades des temples grecs et même au cœur de la Grande Pyramide...

Le nombre d'or est, par définition, l'unique solution positive de l'équation du second degré $x^2+x-1=0$; il est égal à .un plus racine carré de cinq le tout sur deux.

Sa valeur approximative est 1.6180339...

Le nombre d'or est un nombre qui possède l'étonnante propriété : lorsqu'on le multiplie a lui-même cela revient à lui ajouter un.

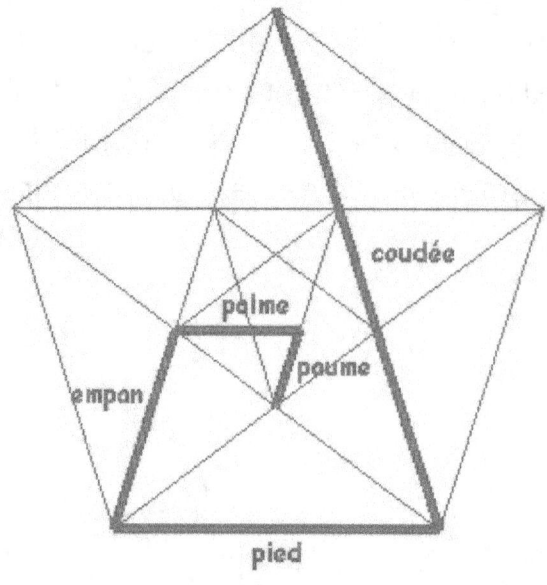

COUDÉE = PIED + EMPAN

PIED = EMPAN + PALME

EMPAN = PALME + PAUME

Les partages du quine forment une suite additive, chaque dimension est la somme des deux précédentes, comme dans la suite de Fibonacci.

Ces nombres se retrouvent dans la suite de Fibonacci →
0.1.1.2.3.5.8.13.21 ...

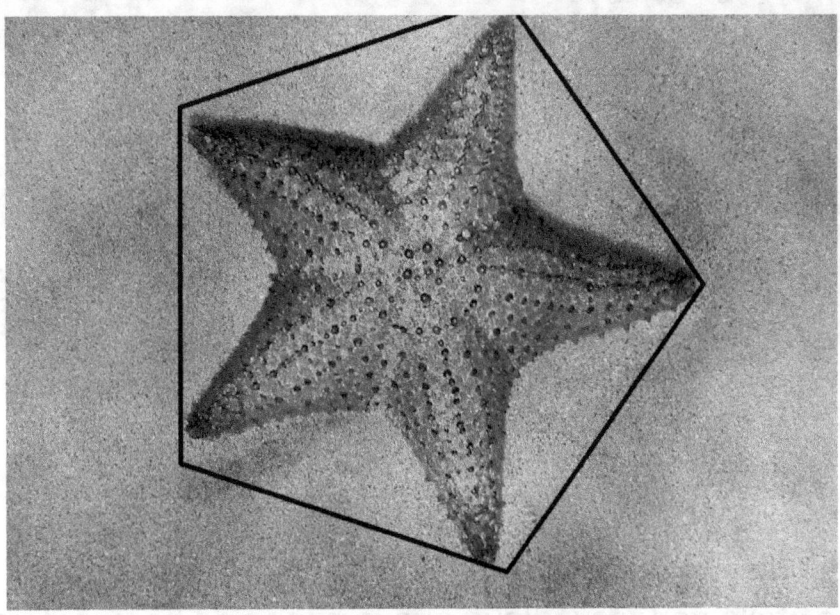

Le choux romanesco

La géométrie sacrée existe depuis logtemps à ne pas confondre avec les pratiques occultes mal intentionée qui s'occupe à inverser tout ce qui est sacrée. Une étoile parfaite indique que le canon de beauté d'une personne s'inscrit dans les proportions du nombre d'or :

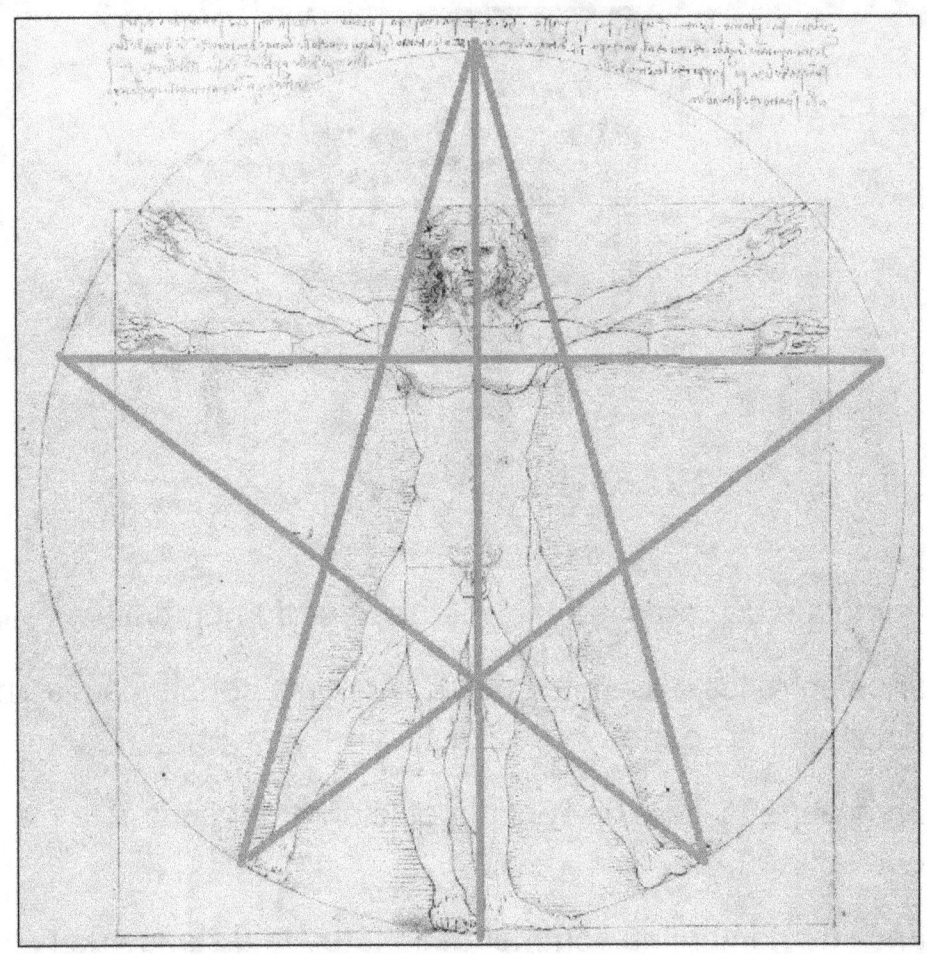

Les lois mathématiques s'appliquent à toutes les échelles au niveau cosmique pour les galaxies au niveau de la faune pour les coquillages et au niveau biologique pour les spirales auditives les proportions fractales du nombre d'or sont appliquées. Ce sont 3 exemples parmi tant d'autres qu'on retrouve dans notre univers.

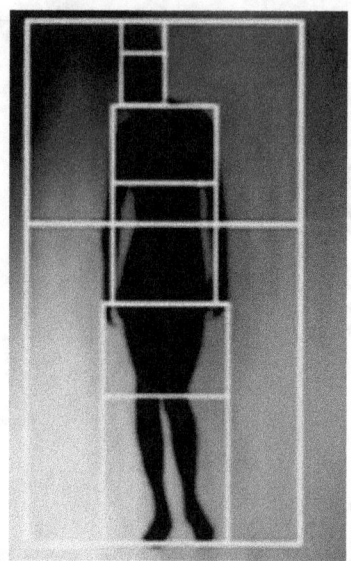

- la hauteur totale du corps humain / la hauteur du nombril

- La distance entre les extrémités des doigts et le coude / la distance entre le poignet et le coude

- La distance entre la ligne de l'épaule et le sommet de la tête / la longueur de la tête

- La distance du nombril au sommet de la tête / la distance de la ligne de l'épaule au sommet de la tête,

- La distance du nombril au genou / la distance du genou à la plante des pieds

Aucun animal n'a les proportions de l'homme et aucun primate ne peut avoir ce ratio unique de l'homme, hormis une modification génétique artificielle il est impossible que les carétéristiques d'un chimpanzé ou tout autre primate soit à 99% en commun avec l'ADN de l'homme c'est un mensonge que nous avons déjà démontré précedemment.

L'Ornithorynque (Ornithorhynchus anatinus) est un animal semi-aquatique endémique de l'est de l'Australie, y compris la Tasmanie.

Chez l'Ornithorynque, les chromosomes du début de la chaîne ont des gènes communs avec les mammifères, tandis que ceux de la fin partagent des gènes avec les oiseaux.

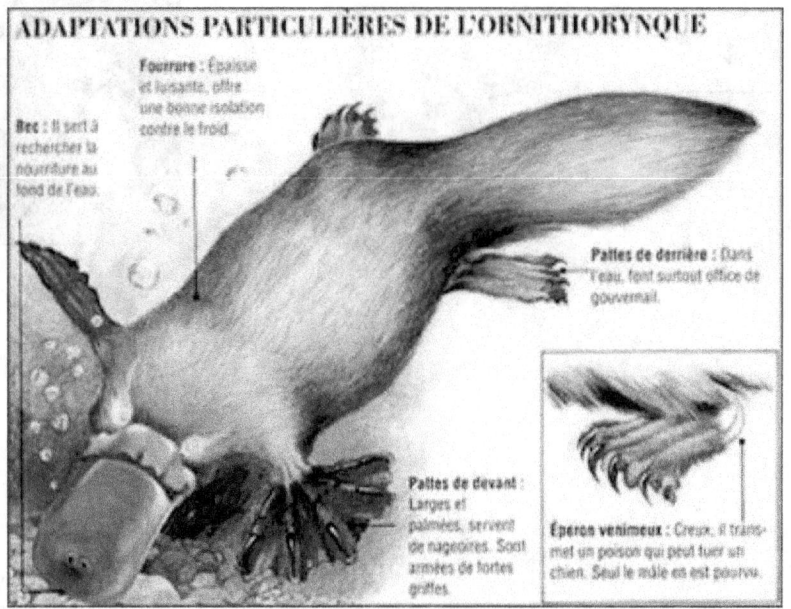

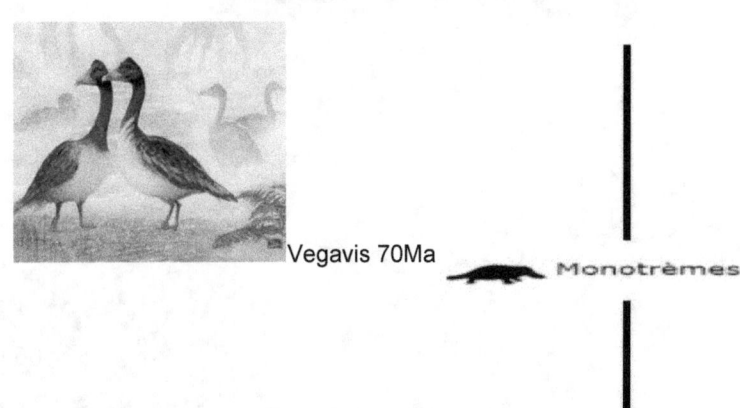

Le papillon colibri

Exocoetidae

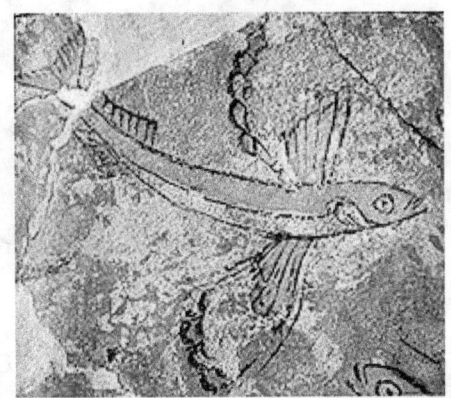

Mais la partie la plus controversée de l'article concerne les pieuvres, car les auteurs suggèrent que ces animaux ne peuvent avoir évolué que grâce à un coup de pouce extraterrestre... Les céphalopodes sont apparus à la fin du Cambrien et descendent d'un nautiloïde primitif. Les pieuvres (ou poulpes) possèdent un système nerveux complexe, des yeux sophistiqués et une capacité à se camoufler.

Les gènes nécessaires à ces transformations n'étaient pas présents chez l'ancêtre commun, d'après les auteurs, qui affirment : *« Il est donc plausible de suggérer qu'ils semblent être empruntés à un "futur" lointain en termes d'évolution terrestre, ou plus vraisemblablement au cosmos en général »*. Les auteurs estiment que *« l'évolution du calmar au poulpe est compatible avec une série de gènes insérés par des virus extraterrestres »* et illustrent leur propos par un dessin très schématique qui a suscité de nombreuses réactions (voir ci-dessous)

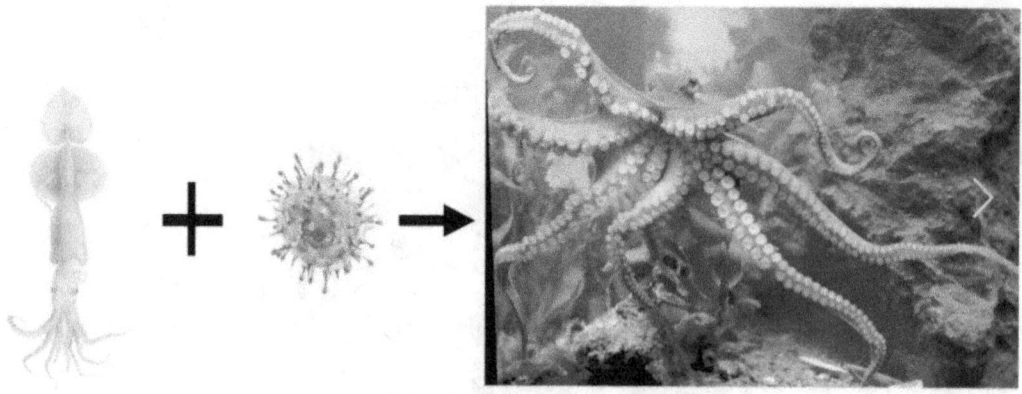

L'article va encore plus loin, en proposant que des œufs de pieuvres conservés dans le froid d'une comète auraient été apportés sur Terre : *« La possibilité que des œufs de calmar et/ou de pieuvre cryoconservés soient arrivés dans des bolides glacés il y a plusieurs centaines de millions d'années, ne devrait pas être négligée »*.

Une pieuvre a 3 coeurs, 9 cerveaux et la couleur de son sang est bleu

Erasmus Darwin

franc maçon du 33eme degré

Lodge of Cannongate Kilwinning, No. 2, of Scotland.

auteur de zoonomia

Charles Darwin

Auteur de l'origine des espèces

Aucune preuve scientifique ne prouve l'origine des espèces

Ni le transformisme d'un poisson en mamifére

Georges Darwin

Astronome avançant la théorie que la Lune c'est formée en ayant impactée la Terre au préalable, scénario incompatible avec la science moderne

Les formes géométriques reproduits par la faune et la Flore

Symétries :

Regardons un visage, nous pouvons considérer que les visages ont un axe de symétrie vertical passant le long du nez.

Les fleurs présentent plusieurs axes de symétrie et un centre de symétrie

Ci-dessus un flocon de neige vu au microscope électronique

Le professeur William R. Thompson avait raison d'affirmer, dans l'introduction de L'origine des espèces (édition de 1956) pour le centenaire de Darwin, que « l'acceptation du darwinisme s'est accompagnée d'un déclin de l'intégrité scientifique ». Il poursuit : « Cette situation où des scientifiques prennent la défense d'une doctrine qu'ils sont incapables de définir scientifiquement et encore moins de démontrer avec rigueur scientifique, essayant de maintenir son crédit dans le public par la suppression des critiques et l'élimination des difficultés est une situation anormale et indésirable en science. »

L'alchimie et la physique quantique

Tout d'abord nous allons voir quelques expériences de physique pour démontrer certains paradoxes, notamment lors du big bang puis ensuite nous éluciderons quelques travaux pratiques de physique quantique.

Lors du big bang l'univers a eut une expansion supérieure à la vitesse de la lumière. Effectivement la taille actuelle de l'univers est de 93 milliards d'années-lumière de diamètre hors l'univers n'a que 13,8 milliards d'années. Cela veut dire que l'expansion de l'univers est supérieure à la vitesse de la lumière, très exactement la vitesse d'expansion =

93/2 = 46,5 années lumière = rayon de l'univers

46,5/13,8 = 3,36956521739130434782608869565217 km/s

Donc d'après ce calcul qui est le résultat de qu'on observe d'une part nous avons un résultat qui est plus de 3 fois la vitesse de la lumière et d'autre part nous avons une loi de la physique classique qui subit une violation à savoir que rien ne dépasse la vitesse de la lumière, pourtant ce constat indéniable prouve bien le contraire.

Aussi pour l'expérience des fentes de Young En particulier, on a observé des interférences avec des particules lancées une par une pourtant ces particules de lumière photons ou les particule de « matière » électron se comporte de façon ondulatoire alors la seule réponse possible et que ces particules lancées une par une peuvent être à 2 endroits à la fois et que l'observateur créé l'événement. Ces expériences démontrent que la vision purement corpusculaire de la matière n'est pas satisfaisante même avec des objets de plus en plus gros, d'où la question récurrente de la dualité onde-corpuscule en physique quantique.

Le principe alchimique connu depuis longtemps connaisait déjà ce principe que l'observateur créé l'événement car l'observation modifie l'onde en particule cela démontre que c'est l'observateur c'est-à-dire la conscience qui créé la matière.

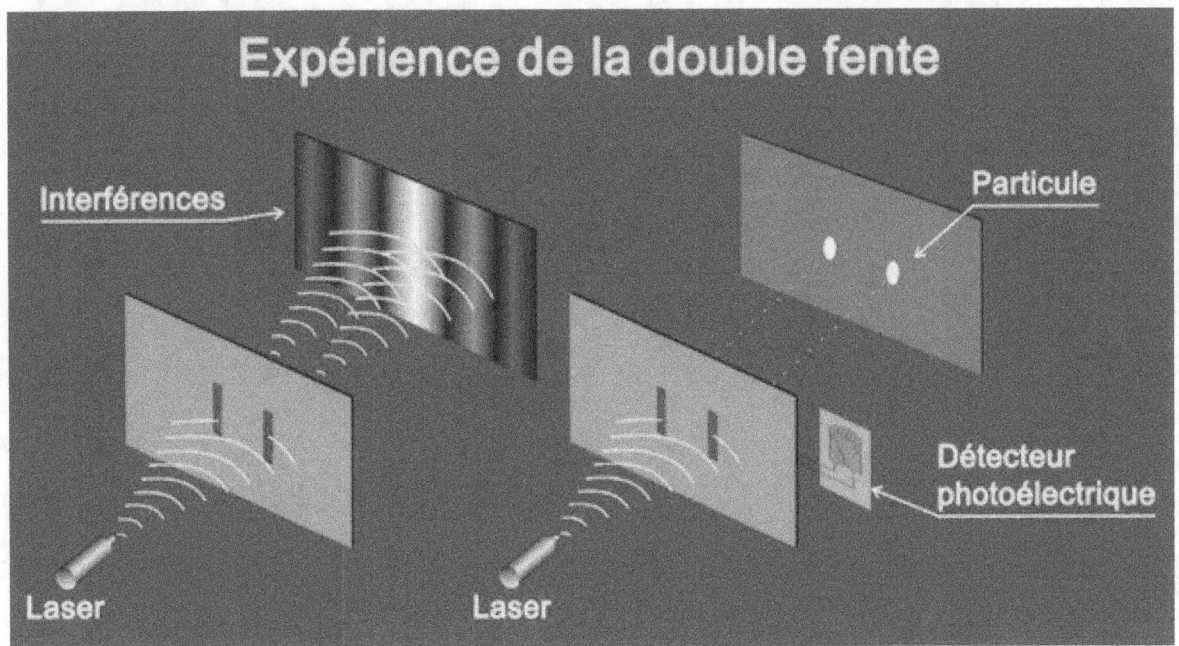

Le fait d'observer via un détecteur photoélectrique change la nature de la lumière elle passe d'état ondulatoire à état de particule.

Le concept de l'entropie en physique est

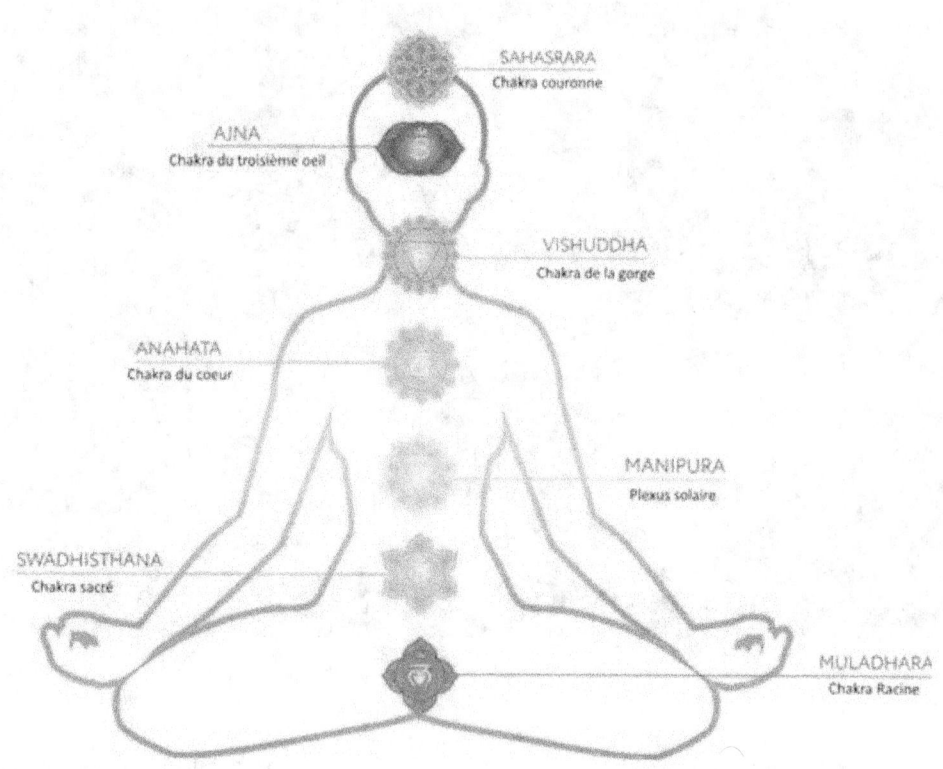

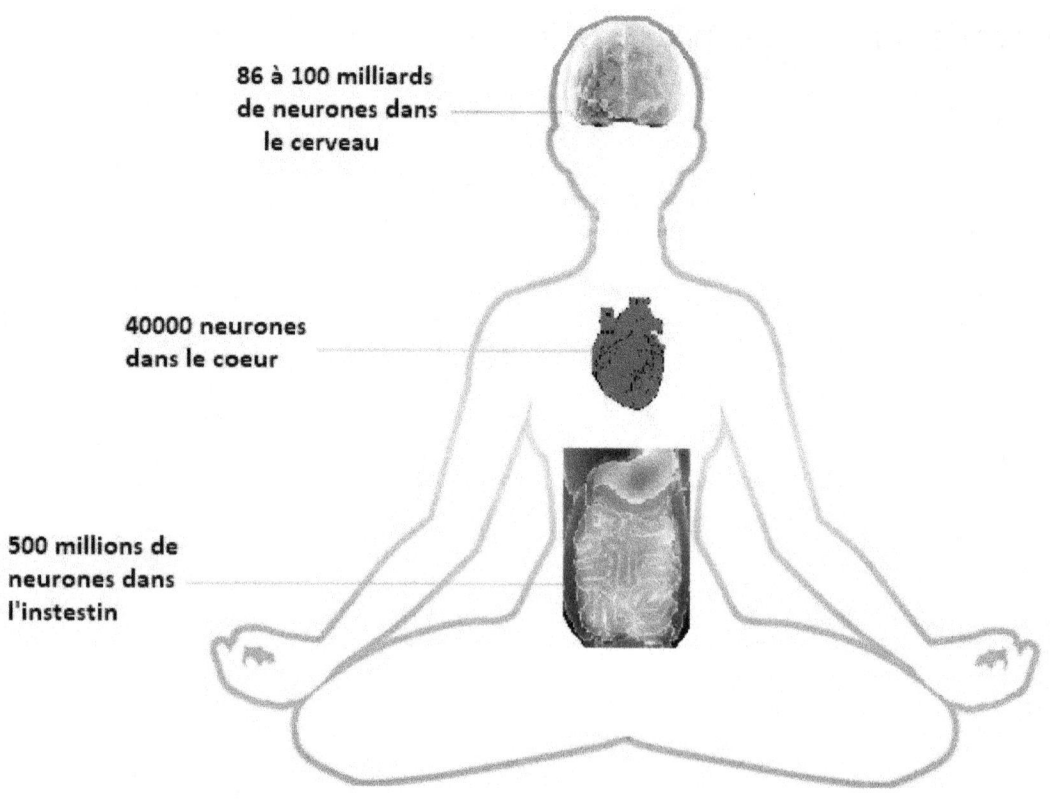

Conception du temps dans l'univers

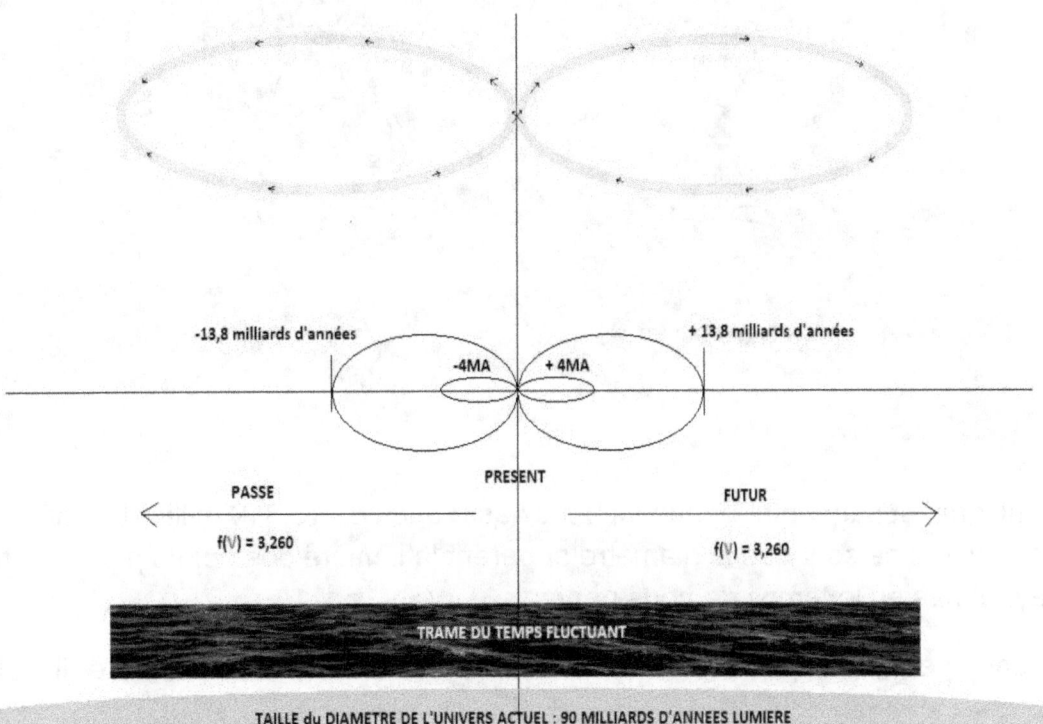

-13,8 milliards d'années   -4MA   +4MA   + 13,8 milliards d'années

PASSE   PRESENT   FUTUR

$f(V) = 3,260$ $f(V) = 3,260$

TRAME DU TEMPS FLUCTUANT

TAILLE du DIAMETRE DE L'UNIVERS ACTUEL : 90 MILLIARDS D'ANNEES LUMIERE

V = VITESSE D'EXPANSION DE L'UNIVERS : Rayon de l'univers = 90/2 = 45 milliards d'années et 45/13,8 = V = 3,260

3,260 x 300000km/s = 978000 km/s (vitesse réelle d'expansion)

infini = ∞   le nombre d'or est le ratio de la suite de Fibonacci
1-1 2-3 5-8 le 8 est égal au nombre Φ

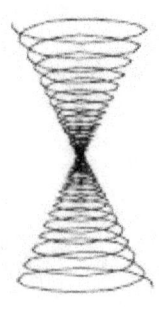 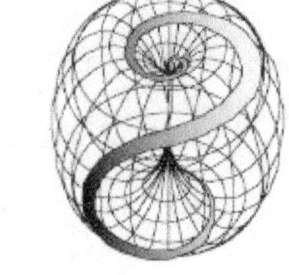

Double vortex = Torus

L'Univers est par contre beaucoup plus vaste que ces 13,819 milliards d'années lumière, qui ne sont que le diamètre apparent la lumière des objets plus éloignés n'ayant pas eu le temps de nous parvenir.

La cause en est l'expansion de l'Univers. Par expansion il faut entendre dilatation.

Cette dilatation de l'Univers est telle que la vitesse à laquelle l'espace se dilate est supérieure à celle de la lumière (Planck a mesuré que la vitesse d'expansion de l'univers était de 67,9 km/s/megaparsec). Cette dilatation a été fulgurante lors du Big-Bang, cette phase initiale est appelée inflation.

La constante de Hubble est le nom donné, en cosmologie, à la constante de proportionnalité existant aujourd'hui entre distance et vitesse de récession apparente des galaxies dans l'univers observable. Elle est donc reliée à la loi de Hubble-Lemaître décrivant l'expansion de l'Univers. Elle donne le taux d'expansion actuel de l'univers. Son nom a été donné en l'honneur de l'astronome américain Edwin Hubble qui a été le premier à la mettre clairement en évidence en 1929 grâce à ses observations effectuées à l'observatoire du Mont Wilson.

Bien que dénommée « constante », ce paramètre cosmologique varie en fonction du temps. Il décrit donc le taux d'expansion de l'univers à un instant donné.

On dit couramment que l'Univers a une expansion plus rapide que la vitesse de la lumière. Le Big-bang est tout simplement l'apparition de l'espace temps lui-même.

Pendant l'ère inflationnaire, la taille de l'Univers a été multipliée par un facteur 10^{26} (donc 10^{78} en volume), ce qui est énorme comparé au rythme actuel de l'expansion. Depuis l'apparition des atomes, vers l'âge de 300.000 ans, la taille de l'Univers observable n'a été multipliée que par un facteur mille en 13,7 milliards d'années.

Il faut bien comprendre qu'au moment de l'éclosion de l'univers les forces énergétiques présentes dépassent toute notion de physique actuelle. En effet lors de l'inflation le fait que les particules se sont éloignées les unes des autres avec une vitesse supérieure à la lumière indique tout simplement que cela créé un paradoxe temporel qui se poursuit jusqu'aujourd'hui. Le fait que tout au début à la première seconde, toute l'énergie se soit répartie de façon théorique dans tout l'univers, cela implique que le passé le présent et le futur sont apparus au même instant dans différentes régions de l'univers. Sur une planéte X par exemple le temps cosmologique universel est de 500 années alors que sur la planète Y elle est de 8 années pourtant les 2 planètes sont apparues au même moment. Ce qui veut dire qu'il y a une fluctuation du temps et que le présent d'aujourd'hui est le même que celui de l'instant schématisant l'apparition du big bang

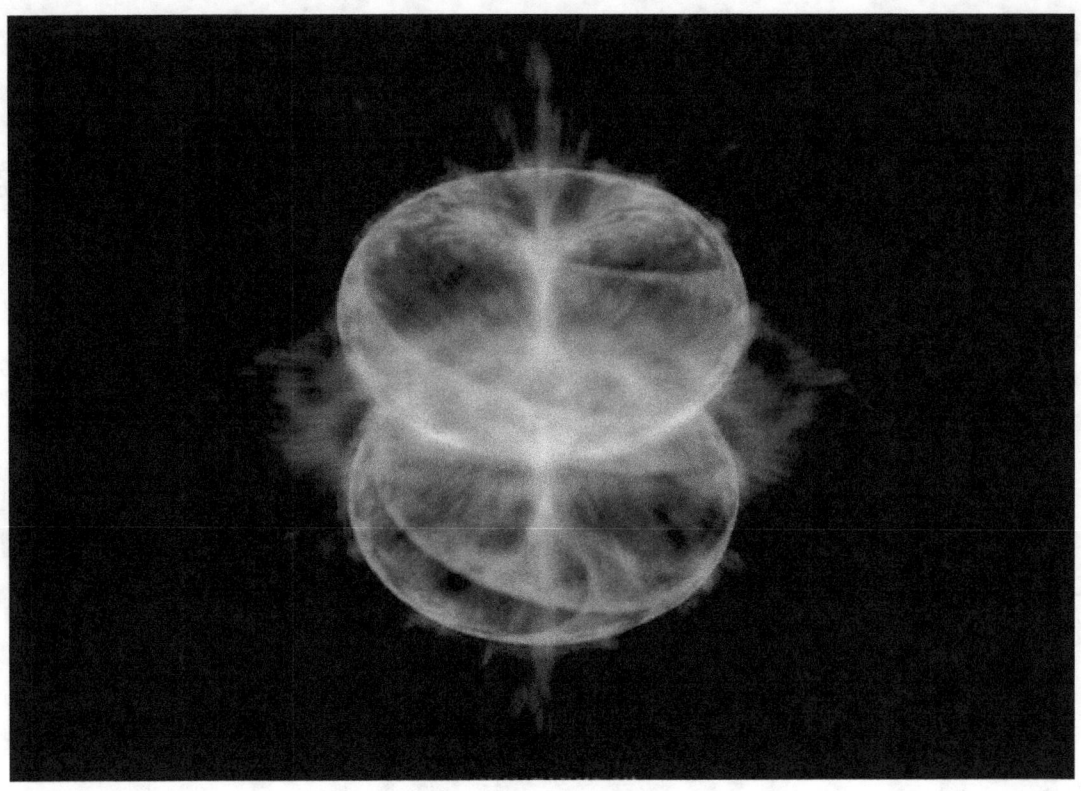

VITESSE DE LA LUMIERE

Pour accélérer un objet, il faut fournir une certaine force pendant un certain temps. Plus l'objet est lourd, plus il faut une force importante. Selon la théorie de la relativité, plus un objet va vite, plus sa quantité de mouvement augmente vite, c'est-à-dire qu'il faut moins d'effort pour accélérer un objet de la vitesse 0 à la vitesse v, que pour l'accélérer de la vitesse v à la vitesse 2v. L'augmentation de la force nécessaire dépend du facteur gamma, un nombre qui vaut 1 pour les petites vitesses, et qui tend vers l'infini quand on se rapproche la vitesse de la lumière. Les effets relativistes sont d'autant plus perceptibles que le facteur gamma est important.

gamma =   1   où v est la vitesse de l'objet et c la vitesse de la lumière

$$\text{gamma} = \frac{1}{\sqrt{1 - v^2/c^2}}$$

Si on suppose que la vitesse qui serait atteinte sans le facteur gamma soit v' on a alors

$$v = \frac{v'}{\text{gamma}}$$

On peinera donc de plus en plus pour amener l'objet proche de la vitesse de la lumière.

Mais, dans le même temps, plus un objet va vite, plus les distances se contractent relativement à lui dans la direction de son déplacement. Cet effet n'est valable que du point de vue de l'objet. Et ces longueurs sont divisées par le facteur gamma également. Du point de vue extérieur, les distances parcourues restent les mêmes.

Ainsi, la distance que l'objet à la vitesse v parcours du point de vue de l'objet lui-même est :

$$d_{obj} = \frac{v}{t} \times gamma = \frac{v' \times gamma}{t \times gamma} = \frac{v'}{t}$$

C'est-à-dire que l'objet parcours la distance à laquelle on se serait attendu s'il n'y avait pas le ralentissement relativiste. D'un côté l'objet est ralenti, mais de l'autre les distances se contractent. Cela s'annule. Mais d'un point de vue extérieur, l'objet se déplace de la distance normale :

$$d_{ext} = \frac{v}{t} = \frac{v'}{t \times gamma} = \frac{v'}{t} \times \frac{1}{gamma}$$

Donc un observateur extérieur verra l'objet se déplacer ralenti du facteur gamma comparé à la force fournie, mais du point de vue de l'objet, le déplacement sera quand même correspondant à la force fournie.

Quel rapport avec les photons ?

Les photons vont à la vitesse de la lumière. Donc le facteur gamma est égal à :

$$\gamma = \frac{1}{\sqrt{1 - c^2/c^2}} = \frac{1}{\sqrt{0}} = +\infty$$

La contradiction des distances sera alors infinie. C'est-à-dire que du point de vue du photon, la distance à parcourir est toujours égale à zéro. Aussitôt parti, aussitôt arrivé. De son point de vue, le temps ne s'écoule donc jamais plus qu'un instant. Alors si on imagine une lampe qui émet un photon, ce photon arrivant sur une feuille. D'un point de vue humain, qui est observateur extérieur au déplacement du photon, la feuille est éclairée et le photon arrive après un temps égal à :

$$t = d$$

Autrement dit, un temps non nul. Le photon semble mettre du temps de son point de départ à son point d'arrivée sur la feuille. Pourtant, du point de vue du photon, il n'y a qu'un seul instant. Donc pendant le temps du trajet, le photon est à la fois au début, au milieu et à la fin du trajet de son point de vue. Il est donc "hors du temps". Les photons qui arrivent des galaxies lointaines, qui ont mis des années voir plus à arriver jusqu'à nous, sont de leur point de vue arrivés instantanément jusqu'à nous.

Cela peut paraitre étrange. Pourtant, la limite de la vitesse de la lumière n'est qu'une limite apparente, parce qu'en fait, elle correspond à une sorte de vitesse infinie. Les photons vont à une vitesse infinie de leur point de vue, mais d'un point de vue extérieur, ils semblent mettre du temps.

Cela veut dire que le photon est comme suspendu pendant tout son trajet à la fois immobile et à la fois en mouvement.

Paradoxe des jumeaux de Langevin

Le facteur de Lorentz est un paramètre-clé intervenant dans de nombreuses formules de la relativité restreinte d'Albert Einstein. Il s'agit du facteur par lequel le temps, les longueurs, et la masse relativiste changent pour un objet tandis que cet objet est en mouvement.

Le facteur de Lorentz s'applique à la dilatation du tra et la contraction des longueurs en relativité restreinte.

On peut décrire ces effets en considérant les expériences imaginaires suivantes (imaginaires car pour que l'effet soit mesurable il est nécessaire que les vitesses soient proches de celle de la lumière).

Des observateurs terrestres situés le long du trajet d'une fusée donnée et observant son horloge à travers le hublot verront cette dernière tourner moins vite. Si $\Delta\tau$ est l'intervalle de temps lu sur l'horloge de la fusée, il lui correspondra pour les observateurs terrestres un temps Δt plus long donné par la formule

$$\Delta t = \gamma \Delta \tau$$

Cette dilatation du temps est à l'origine du fameux paradoxe des jumeaux.

La contraction des longueurs est illustrée par le paradoxe du train. Si un train de longueur propre L_0 (c'est la longueur mesurée par un observateur au repos par rapport au train) passe dans un tunnel de même longueur propre L_0, les observateurs situés sur la voie pourront constater qu'à un instant donné pour eux le train semble plus court que le tunnel, sa longueur en quelque sorte « apparente » L étant plus courte que le tunnel et donnée par la formule

$$L = L_0 / \gamma$$

La relativité restreinte répond à cette interrogation qui repose sur un raisonnement qualitativement juste.

C'est le phénomène de contraction des longueurs ou phénomène de FitzGerald-Lorentz , entre deux observateurs dans des référentiels en mouvement .

Une règle de longueur dd est plus courte pour l'observateur vis à vis duquel elle est en mouvement et on a entre les deux valeurs la relation

$$d = d'\sqrt{1 - \frac{v^2}{c^2}}$$

Tous ces démonstrations ont pour but de démontrer que le temps que nous percevons est une illusion faite par l'univers lui-même. Le temps à proprement parlé n'existe pas il est simulé par notre mémoire et par les régles intrinsec du cosmos. Pour un ordinateur par exemple, il utilise de la mémoire vive pour simuler le temps, sans les barettes de mémoire appelées RAM l'ordinateur ne peut fonctionner. Il stock ses informations une fois en marche et traite de façon logique les informations qu'il reçoit pour simuler le déroulement du programme sans une mémoire vive l'ordinateur ne peut pas fonctionner. Pour autant cela ne veut pas dire que l'univers est un ordinateur complexe même si certaines fonctionnalitées sont similaires. La réalité qu'on perçoit n'est pas celle que l'on croit : on ne voit et on ne perçoit qu'une partie du spectre lumineux, on ne voit pas les ultraviolets et les rayons gamma.

La seule façon de créer un espace infini est de le simuler via un programme qui applique des régles artificielles comme celle de la vitesse de la lumière et l'expansion dans l'infini de notre univers. Un programme peut tout à fait simuler un univers infini, nombre de jeux vidéos ont pour le théme l'espace et les ordinateurs actuelles peuvent générées des galaxies qui tente une expansion de l'univers cohérent.

Les 4 dogmes qui empêchent la science d'avancer :

1) Le matérialisme soutient que toute chose est composé de matière
2) Le darwinisme
3) La croyance au hasard
4) Le determinisme de la causalité via la notion du temps

Comme Einstein disait :

"Dieu ne joue pas aux dés" cela se vérifie par 4 réalités : les règles précises des règles de l'univers, la création parfaite du nombre d'atome pour créer l'univers, un peu plus d'atome d'hydrogène ou un peu moins l'univers n'existerait pas, l'absence de temps dans la physique

quantique et la matière est composée à 99,999..% de vide et il n'y a pas pas que 2 solutions possibles darwinisme ou créationnisme non car la réalité n'est pas celle que nous voyons.

L'expérience de fentes de Young nous le démontre ainsi que l'expérience du Chat de Schrödinger. Tout cela nous prouve que notre réalité provient d'ailleurs ce qui veut dire que notre univers comporte non pas 4 dimensions mais 8. Le niveau galactique le niveau macroscopique (nous) le niveau atomique et le niveau quantique où le temps n'existait

plus + nos 4 dimensions : le temps relatif la longueur la hauteur la largeur = 8

Le niveau galactique :

Le niveau macroscopique :

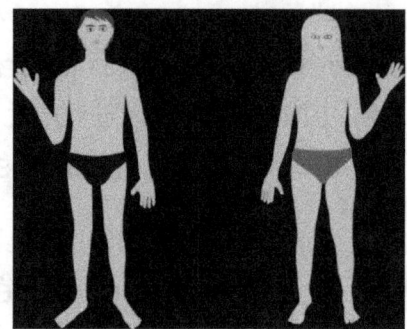

Le niveau microscopique :

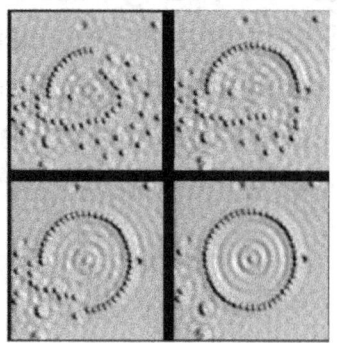

Le niveau quantique : photons + particules subatomiques

Les particules subatomiques

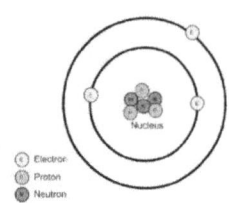

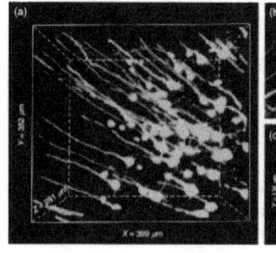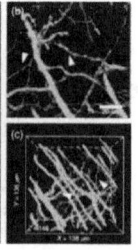

Photons de lumière

A chaque niveau le temps se comporte differrement, au niveau galactique le temps écoulé est de 13,8 milliards d'années et il n'y pas de présent général chaque galaxie a son propre temps.

Au niveau macroscopique c'est-à-dire à notre niveau le temps est relatif selon nos mouvements et selon la planète où l'on se trouve.

Au niveau microscopique le temps n'existe preque plus pour les atomes par exemple il existe un champ d'incertitude où un atome peut être à plusieurs endroits en même temps.

Au niveau quantique c'est-à-dire au niveau des particules élementaires le temps n'existe plus du tout les particules peuvent être enchevêtrées sur n'importe quelle distance et aussi 2 particules en superposition peuvent être en corélation quelque soit leur époque. Ainsi une particule de la préhistoire peut être superposée avec une particule de l'an 3000 par exemple.

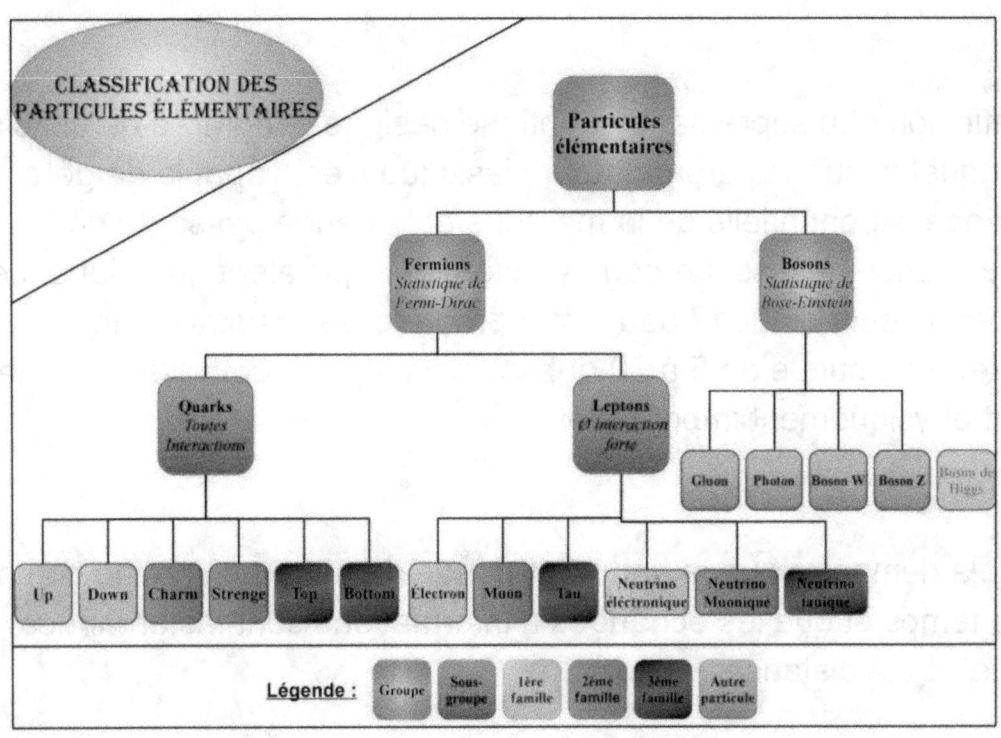

La question de savoir si le temps existe au niveau fondamental est équivalente à celle qu'on pourrait se poser sur ce qui c'est passé avant la création de l'univers, c'est-à-dire avant le big bang. Avant l'univers est ce que le temps existait ? La réalité du cosmos de l'univers a-t-il eut un début, si oui que c'est il passé avant ? C'est une question sans fin. La réalité au niveau fondamental existe depuis toujours il n'y a forcemment pas de début car le contraire est impossible du fait qu'il ramène à une question sans fin ni à une réponse définitive. Le temps n'existe pas au plus profond de la réalité c'est-à-dire au niveau quantique.

En informatique les ordinateurs classiques les plus puissants actuels ne peuvent pas rivaliser en terme de calcul avec les nouveaux ordinateurs quantiques qui utilisent des qubits au lieu des bits pour effectuer des calculs. La suprématie quantiques désigne la limite qu'un ordinateur classique ne peut pas franchir en terme de mémoire et masse de calcul, à partir d'un certain seuil on ne peut choisir que l'ordinateur quantique pour résoudre le problème. La cause est le fait que la miniaturisation des processeurs classiques ont une limite physique : au-delà d'une certaine taille les processeurs ne fonctionne plus car au niveau subatomique les régles et les réactions physique ne sont plus les mêmes.

Par définition : La suprématie quantique désigne le nombre de qbits au-delà duquel aucun superordinateur classique n'est capable de gérer la croissance exponentielle de la mémoire et la bande passante de communication nécessaire pour simuler son équivalent quantique. Les superordinateurs de 2017 peuvent reproduire les résultats d'un ordinateur quantique de 5 à 20 qubits, mais à partir de 50 qubits cela devient physiquement impossible.

Tout cela démontre que la nature profonde de notre univers ne comporte pas de temps et que les échanges d'informations sont instantanées quelque soit la distance.

De ce fait comment la vie est elle apparue ? Quand on voit le cas de l'homme et sa complexité on peut comprendre que sa biologie et sa conception au niveau moléculaire est d'une telle compléxité, avec ses réactions chimiques et ses millions d'opérations, que cela ne peut pas être le fruit d'un hasard linéaire tatonnant même sur des millions d'années.

Une cellule ganglionnaire de la rétine fait 1000 opérations par seconde l'ensemble des cellules du nerf optique nous amène au milliard d'opérations à la seconde juste pour ce nerf.

Le cerveau humain en fait beaucoup plus : pour simuler juste 1 seconde de temps de cerveau, il a fallu au superordinateur « K » et ses 86 000 processeurs la durée de 40 minutes de calcul. Autrement dit, ce que les 86 000 processeurs font en 40 minutes, le cerveau humain le fait en une seconde.

Si on s'autorise à extrapoler, le cerveau humain aurait ainsi une puissance de calcul de 1 zettaflop, soit 1 000 milliards de milliards d'opérations par seconde. Cela n'est qu'une extrapolation une moyenne ou un comparatif avec un outil que l'on connaît : l'informatique.

Seulement avoir une précision, une telle architecture et un tel fonctionnement unique cela ne peut pas être le résultat d'un assemblage périodique hasardeux.

La vision classique nous démontre de manière mécanique qu'en résumé la conscience est le produit du cerveau, et pourquoi pas le contraire ? c'est une vision réductionnisme et matérialisme ce qui nous amène à un pseudo-déterminisme de la biologie qui veut expliquer les secrets de la vie.

Le darwinisme c'est de prétendre que « l'évolution des espèces » à savoir la transmission des gènes sur plusieurs générations d'une espèce est du à la sélection naturelle des espèces en cours. Mais cela n'explique en rien l'apparition de la vie et ni le transformisme inter-espèce, cette théorie dogmatique pourtant n'a pas eut besoin d'invitation pour franchir le pas et vouloir tout expliquer de A à Z en se vantant que c'est un fait accompli. Loin s'en faut et heuresement !

Biensur tous les documentaires et livres scolaires nous proposant comme un véritable fait indiscutable cette théorie de l'évolution, cependant il faut bien avoir l'honnêteté intellectuelle et scientifique de constater qu'il n'en est rien. La seule partie de l'évolution étudiée par Darwin est l'adaptation d'une espèce à son environnement, cela s'appelle de la micro-évolution, mais le raccourci était trop facile pour rebondir et d'autoclamer que la macro-évolution c'est-à-dire la transformation d'une espèce en une autre totalement différente est une norme indiscutable, malgré l'absence de preuve matériel.

Déterminer le groupe d'un animal comme la baleine qui fait partie des cétacés et qui bien sur n'a pas de branchies etc, n'est pas du tout une preuve de l'évolution, au contraire cela accentue la biodiversité et les espèces intermédiaires du poisson passant toutes ces étapes n'existent pas. Il n'y a pas des fossiles de transformation des espèces intermédiaires. L'animal le plus ancien connu est le scorpion pourtant on ne descend pas du scorpion aussi bien génétiquement que physiquement. On a le fossile le plus ancien du scorpion,

on a des fossiles de baleines bleues datant de 1,5 millions d'années, on a aussi le fossile le plus ancien de souris de 15 millions d'années mais pourtant pas de fossile intermédiaire entre la souris et le cheval ou la girafe.

On constate que tous les animaux actuels sont tous apparus en même temps il y a des millions d'années après les dinosaures. La géologie fonctionne par strate dans le sol et les fossiles retrouvés en basse profondeur sont les plus anciens, on a fouillé toutes les strates du dessus et les fossiles n'ont pas de lien quelconque avec les espèces d'aujourd'hui, elles sont identiques pour une espèce sur plusieurs millions d'années à part le fait qu'elle peuvent se diversifier selon le climat l'atmosphère et l'altitude. De même une pieuvre a 3 cœurs et 9 cerveaux et son sang est bleu, aucun animal connu existant s'approche de près ou de loin à sa conception.

Dire cela prends des millions d'années il faut le prouver et cela soulève 2 constats :

1) pourquoi aurait on droit avant à des transformations miraculeuses de bactérie se transformant en poisson et pas maintenant ?

Et

2) pourquoi parle t'on de "chaînon manquant" quand on fait le constat qu'il n'y a que DES chaînons manquants partout pour toutes les espèces pas la moindre trace d'un fossile intermédiaire. Ce n'est qu'une théorie non validée valable seulement sur une courte exposition au temps d'une acclimatation d'une espèce. Dois je citer l'ornithorynque cette animal atypique unique en son genre avec son bec de canard son corps de loutre ces pattes palmées et c'est le seul mammifère qui pond des oeux et vivant uniquement en Tasmanie ou en Australie.

L'apparition de la vie est une question trop vaste pour-qu'une simple théorie évolutionniste pourrait l'expliquer. Il y a de la biologie de la physique de la chimie des mathématiques et de la géologie archéologique modernes qui sont beaucoup plus complexes que cette théorie de plus d'un siècle, cela doit être complété, car son erreur est de vouloir tout expliquer depuis le début en se basant uniquement sur un aspect mécanique des choses, ce qui n'est pas le cas.

La question fondamentale du temps est éssentielle car elle est une composante principale de l'apparition et du developpement de la vie.

Sans mémoire le temps ne peut pas exister. Le temps existe que pour les êtres vivant car leur mémoire simulent le passage du temps. Dans un ordinateur on utilise de la mémoire vive pour simuler le temps sans mémoire vive l'ordinateur ne peut pas éxécuter son programme.

Comment se souvenir du passé sans la mémoire ? De même qu'une personne enregistrerai avec un camescope pour se souvenir, ce même camescope utilise une carte mémoire.

Autrement dit les êtres vivant créé le temps, et en subissent les effets.

En ce qui concerne la théorie de Darwin si on enléve tout ce qui est faux c'est-à-dire l'élongation de la théorie sur toute l'histoire de la Terre et la pseudo-transformation des espèces avec des chainons manquants à chaque étage, il ne reste plus que la fonction naturelle de l'adaptation des espèces à son environnement. En résumé cette théorie n'apporte rien de nouveau mais apporte par transposition un dogmatisme exaxerbé et autoritaire qui n'a rien de scientifique.

Par exemple si un professeur universitaire supporte que la théorie de l'évolution est fausse, il est viré sur le champ. Pourtant cette théorie n'est ni validée par les faits, ni par les expériences (soupe prébiotique).

Aujourd'hui il est temps de s'ouvrir à un autre concept de l'apparition de la vie.

C'est essentiel de ne pas voir uniquement sous un unique angle au travers d'un prisme scientifique ou d'une catégorie esothérique, mais bien d'imaginer cette hypothèse sur tous les angles possibles. Y compris l'hypothèse de la simulation cosmique où les acteurs sont envoyés dans le monde alors que leur véritable origine se trouve dans l'envers du décor.

La perfection d'un œil montre la force intelligente créatrice et cette création vivante se fait toujours de façon symétrique et géométrique. Tout ce qui est vivant est symétrique ce qui permet de créer un visage, un regard.

Pour mettre en place une théorie qui pourrait remplacer notre vision il faut la voir sous différents angles possibles.
Comme nous l'avons vu tout à l'heure selon mon modéle l'univers comprends 8 dimensions :

les 3 dimensions + 1 le temps = espace/temps X 4 Dimensions (Galactique, Macroscopique, Atomique, Quantique)

Le niveau atomique se compose de 99,9 de "vide". Hors dans le vide se trouve le domaine quantique où le temps n'existe pas. Cela veut dire

qu'au niveau fondamental l'instant du big bang est exactement le même que le présent durant lequel vous lisez ces lignes. En effet à la vitesse de la lumière le temps = 0. Une vitesse mesurée pour l'observateur

de 300 000 km/s réelle mais à cause de la relavité du temps, du point de vue du photon quelque soit la distance le temps sera toujours

égale à zéro. L'expansion de l'univers se fait par de la lumière première apparition visible de l'énergie. Hors on sait que

par la thermodynamique l'énergie ne disparait jamais, l'énergie que nous émettons ne disparait jamais car son information

est stockée au niveau quantique. De même nous renouvellons l'intégralité de nos cellules du corps humain tous les 15 ans on est

une autre personne. Pourtant on garde toujours nos souvenirs car la mémoire est stockée dans l'ADN qui lui même prend ses

informations du champ quantique pour pouvoir se dupliquer. L'univers est comme un vaste océan qui s'étend comme un immense

feu d'artifice de matière qui se compléxifie aussi bien au niveau des constellations de galaxies, tout comme dans son

champ des possibles. Selon où l'on se trouve dans l'univers nous pouvons être dans le futur ou le passé par rapport à notre

planéte Terre. Une téléportation instantanée d'un endroit le plus éloigné de l'univers à l'instant ou j'écris ces lignes nous permettrai d'arriver dans le passé de la Terre. Car les galaxies les plus éloignées se sont dévellopées beaucoup plus vite que

nous en moins de temps tout en se déplaçant à une vitesse supérieure à la lumière. De même 2 photons peuvent être intriqués dans

le temps un dans le passé un autre dans le futur et cela se fait aussi à l'état naturel. A cet instant 2 particules sont intriquées

un dans la préhistoire de la Terre et l'autre en l'an 2034 sur Mars. Pourtant c'est le même instant. Le temps ne peut être linéaire

pas de passé présent futur, non il est éternel car avant le big bang l'espace temps n'existait pas l'éternité oui. Car il ne peut y avoir

de début à la réalité absolue, cette réalité par delà les dimensions existe depuis toujours et nous venons de là. Nos informations

génétiques viennent d'ailleurs, de l'extérieur c'est l'extra-génétique. La mort n'existe pas car notre information est intemporel

et non linéaire, c'est notre esprit, le souffle de notre vie qui est éternel. Plus l'univers simule le passage du temps plus

il se compléxifie non pas dans le chaos mais dans la perfection du programme s'élaborant de façon harmonieuse et comme

lors de la contemplation d'une nature luxuriante nous pouvons voir la pensée non locale de l'apparition de la vie. L'élaboration

des formes de vie leurs aspects leurs pensées proviennent du champ de l'espace, de la lumière et de la puissance des rayons des étoiles comme celle du soleil.

La matière noire est tout simplement la nature de l'espace temps, les vortex et les distorsions temporelles créent un champs magnétique

énergétique très puissant qui permet à n'importe quel endroit de l'espace de récupérer de l'information pour la retransmettre ailleurs.

Car la masse de l'univers ne diminue pas elle augmente de façon exponentielle cela va au contraire de l'idée de l'existance du concept de masse. Tout l'univers s'expand vers l'infinie, la pensé et la mémoire de cette univers est utilisée pour appliquer ses champs

du possible, et elles sont stockées dans le vide quantique qui est intemporel.

Aussi dire que le temps fonctionne avec le passé, le présent et le futur. Cela est faux, dans l'univers il n'y a que le passé et le futur apparent, seul la vie est lié au présent.

Il y a la possibilité donc de pouvoir choisir son futur sa destiné même si le futur est déjà écrit d'avance on peut choisir la manière dont on y arrive, le chemin n'est pas unique et seul nos choix nous permet ou non de choisir une destinée différente. Par exemple si une personne travaille tous les jours de l'année son futur est déjà ecrit d'avance, si cette personne décide de poser des vacances il pose un nœud temporel ou tout son futur peut changer et même sa destination finale. C'est une question de choix.

Car oui en effet au moment du big bang, l'univers est apparu non pas dans une explosion, mais sous la forme d'une dilatation de l'espace temps créé qui s'est étendu dans tous les recoins du cosmos instantannement.

$E = mc^2$

Cette formule de la relativité restreinte d'Einstein démontre comment fonctionne l'énergie au niveau de l'atome et explique enfin comment fonctionne le soleil. Car oui le soleil est une centrale nucléaire qui fonctionne sur des milliards d'années. La relativité restreinte a eu également un impact en philosophie en éliminant toute possibilité

d'existence d'un temps et de durées absolus dans l'ensemble de l'univers (Newton)

La planéte Mars se situe au plus proche de la Terre à 79 millions km = 4 minutes 30-lumière.

Il faut donc 4m30 à la vitesse de la lumière pour quitter la Terre et atteindre Mars, ce qui veut dire que techniquement il serait impossible par les procédés actuels d'avoir une retransmission en direct de la planéte Mars car le présent universel n'existe pas.

Dans le cas d'une communication quantique on pourrait atteindre l'instantanéité entre Mars et la Terre mais cela ne veut pas dire pour autant qu'on serait au même instant. Du à la gravité la communication des habitants sur Mars nous apparaitra un peu plus rapide que sur Terre

car à cause de la gravité plus importante sur Terre l'écoulement du temps est plus ralenti sur notre planète que sur Mars. Et inversement les cosmonautes sur Mars qui verraient une communication de la Terre la verraient au ralenti. Ce phénomène est encore multiplié au niveau d'un trou noir le temps y est pratiquement figé. Pourtant une personne sur Mars ou sur Terre ou aux abords d'un trou noir verrait son horloge bougeait normalement comme d'habitude et le son de sa voix identique. Tout serait identique les déplacements seraient pareils, sauf que dans leur référenciel espace-temps ils ne peuvent avoir et percevoir la différence d'une planéte à une autre car les distances sont trop éloignées et la gravité est imperceptible sur les effets des distorsions temporelles.

Toute cette démonstration vérifiable par les faits et prouvée par la théorie de la relativité nous expose que le temps n'est pas linéaire et surtout que le présent n'est pas universel. La physique quantique et la physique générale sont incompatibles au niveau théorique pourtant la théorie des cordes à voulu réconcilier les deux sans succès apparent.

Une équation qui voudrait tout expliquer l'infiniment petit et l'infiniment grand est une impasse mathématique. Car l'aspect mécanique des astres du cosmos n'a aucun sens au niveau quantique. La logique même n'a plus de sens à ce niveau une particule peut être à 2 endroits différents à la fois et à des périodes de temps différents.

Aussi le hasard dans la création n'existe pas :

En multipliant la distance de la Terre au Soleil par 5 ou par 10, par 20, par 30, ou par 40 on obtient une donnée relative de la distance des 5 autres planètes de notre Soleil.

Distance Terre – Soleil = 149,6 (millions de km) x 5 =

748millions de km = distance Jupiter Soleil (≈778,5millions de km)

Distance Terre – Soleil = 149,6 x 10 = 1,496 milliards de km

(1,434 milliard de km) = distance Saturne Soleil

Distance Terre – Soleil = 149,6 x 20 = 2,992 milliards de km

(2,871 milliards de km) = distance Uranus Soleil

Distance Terre – Soleil = 149,6 x 30 = 4,488 milliards de km

(4,495 milliards de km) = distance Neptune Soleil

Distance Terre – Soleil = 149,6 x 40 = 5,984 milliards de km

(5,90638 milliards de km) = distance Pluton Soleil

Nous vivons dans un monde ou l'espace-temps et le vivant sont en interaction, l'un ne peut pas subsister sans l'autre. Tout ce que nous voyons nous le voyons grâce à une seule capacité : la mémoire. Sans la mémoire le temps ne peut pas exister. C'est l'observateur qui créé l'événement et pas l'inverse. Au niveau quantique au-dessous de l'atome c'est sûr que le temps n'existe pas : à la vitesse de la lumière le temps est égale à zéro quel que soit la distance, du point de vue du photon il passe d'un point A à un point B instantanément pour nous observateur il met 300000 km/s mais à cause de la relativité nous croyons voir cette lumière voyager dans l'espace-temps. On peut aussi intriquer 2 particules dans l'espace et le temps. Comment un ordinateur simule un univers infini dans un jeu vidéo ? En ayant toutes les informations en mémoire et en affichant uniquement ce que l'observateur peut voir, dans l'absolu son vaisseau avance dans le vide et l'ordinateur affiche uniquement les informations du programme de manière procédurale. L'univers n'est pas infini mais tend vers l'infini.

En ce qui concerne une évolution hasardeuse qui aurait créé la complexité du corps humain par tâtonnement ou par transformation phantasmagorique, intellectuellement et mathématiquement la probabilité et la viabilité de cette hypothèse évolutionniste est égale à zéro. Prenons l'exemple du cerveau :

Il n'y a aucune preuve que le cerveau de l'homme est tri-unique ce n'est qu'une théorie découlant du darwinisme. Un cerveau reptilien, un cerveau paléomammalien (apparenté au cerveau limbique), un cerveau néomammalien(cortex). Cette théorie est fausse car d'un on a rien en commun avec les reptiliens et 2 même un moineau à la même conception schématique du cerveau que nous pourtant ils ne sont pas mammifère. Et 3 le concept du cerveau triunique est contesté : La totale indépendance de trois cerveaux clairement distincts est aujourd'hui rejetée par de nombreux scientifiques, ceux-ci considérant plutôt les aires cérébrales comme des ensembles en interaction. Les évolutionnistes disent : "Les dauphins ont d' abord vécu dans l' eau, puis sur terre". Il n'y a aucune preuve de ce qu'ils avancent aucun fossile de transition (il existe comme preuve un fossil de dauphin préhistorique de 300ma et il est identique en aspect à ceux de maintenant) et ce n'est que le fait que le dauphin soit mammifère qu'ils imaginent qu'il était un quadrupède avant d'être un reptile et qui lui même avant était un poison. Quelle ironie ! un poison redevient un poison mais sans ses branchies c'est contre l'idée darwinienne et pourtant ça va plus loin ces poissons seraient venus d'organisme unicellulaire provenant de la soupe prébiotique, sauf qu'aucun organisme unicellulaire ne se transforme en organisme multicellulaire, dire que ça prend des millions d'années n'est pas une preuve c'est un botage en touche. Aucune bactérie aucun microbe depuis qu'on les observe ne se sont transformés en autre chose que ce à quoi ils étaient prévu au départ un être microscopique. Aucun animal venant du microscopique devient un poison, ça ne sait jamais vu et aucune preuve scientifique ne le démontre. Et heureusement si les bactéries de notre corps évoluaient on mourrait, si le plancton de l'océan évolueraient on mourrait aussi car c'est eux qui nous fournissent l'oxygène. L'adaptation à son environnement est une particularité du génome (ADN) et non du cerveau. Et oui l'ADN et la cellule que ne connaissait pas ce farfelu de Darwin prouve qu'il a tort. Car mathématiquement biologiquement il est impossible que l'on descend d'un microbe c'est une affirmation gratuite sans aucune preuve. Nous avons les fossiles de la souris la plus ancienne de dinosaure datant de millions d'années pourtant il n'y a aucun lien entre la souris et les dinosaures. Aussi nous avons les différents fossiles de ces rongeurs sur différentes strates géologiques mais il n'y a aucun fossile de transition entre la souris et l'homme ça n'existe pas. De même dire que le chimpanzés à 99% d'ADN en commun avec nous est un mensonge scientifique car nous étudions et nous comprenons que 1,5% de l'ADN qui est l'ADN codant le reste l'ADN poubelle comme il l'appelle contient des gènes dont on ne comprend pas l'utilité et systématiquement masqué dans le résultat des recherches, évidemment, ces mêmes chercheurs nous disent qu'on a 50 % d'ADN avec la banane 70% avec l'éponge maritime alors que c'est strictement faux ! Ce calcul se fait sur la partie codante qui selon l'espèce peut être de 1 à 5 % de l'ADN totale. C'est mathématiquement faux génétiquement faux et biologiquement faux. Le darwinisme est un dogme mensonger sans preuve factuel mais basé sur la supposition d'un vieux fou qui n'avait pas de microscope, il est temps de changer de vision et d'arrêter de croire ou d'imaginer que toute la vie sur Terre provient d'un organisme unicellulaire ce qui est faux et ce qui n'a jamais été prouvé.

Parmi tous les animaux qui sont apparus après les dinosaures, aucun n'a de liaison en commun avec les dinosaures et aucun fossile ne démontre une pseudo transformation d'une souris en cheval ou en girafe, pourtant ces temps géologiques sont très proches de nous mais aucune preuve n'a été apportée. Si cette théorie était vraie on aurait trouvé tous les fossiles intermédiaire récent entre la souris et le cheval ou entre le singe préhistorique et l'homme, hors il n'y a RIEN.

Par contre les fraudes, pour trouver le chaînon manquant toujours introuvable pour toutes les espèces, sont nombreuses il y en a à la pelle comme par exemple Lucie qui possède une ossature de babouin et cela a été prouvée. La théorie de Darwin est clairement invalide car il n'y a aucune preuve de pseudo transformation et s'acharner à défendre cette pseudo-théorie ne fait pas avancer la science au contraire cela créer un dogme qui empêche la découverte d'autres idées. Il n'y a pas que 2 possibilités créationnisme ou darwinisme non car c'est beaucoup plus compliqué que ça surtout quand on sait que dans notre univers le temps au sens fondamental n'existe pas.

Le fait de pouvoir voyager dans le temps nous prouve que le temps n'est pas linéaire et qu'il n'y a pas un seul début un seul présent et un seul futur. L'intrication de 2 particules dans l'espace et le temps peuvent se faire pour 2 particules qui n'ont pas coexistées.

Cela démontre que l'apparition de l'univers ne s'est pas faite de façon linéaire dans un espace en 3 dimensions, depuis que l'on sait que le présent universel n'existe pas depuis l'apparition de la relativité, il convient de voir que l'univers comporte d'autres dimensions que j'ai dénombré au nombre de 8 car la nature du temps n'existe pas au niveau subatomique. L'inivisible la partie la plus importante de l'univers et aussi de la matière, génère des forces extrémment énergétiques qui forment un univers fractal de plusieurs possibilité. Par exemple le fait de regarder les étoiles dans le ciel la nuit nous les voyons telles qu'elles étaient il y a des milliers des années en arrière, le simple fait de les observer nous changeons le passé initial de cette étoile observé. Car dans sa première version cette étoile n'était pas observée à ce moment précis mais là à cause de l'observation nous changeons le passé de cette étoile.

L'univers est unique mais fractal en plusieurs lignes temporelles possibles aussi bien au passé qu'au futur.

Il y a aujourd'hui deux systèmes de pensée sur la biologie humaine, l'un est basé sur la réalité physique selon laquelle tout dans l'univers est formé de matière. C'est une vision newtonienne qui se concentre sur la superficialité visuelle de notre perception du réel. En effet l'idée d'un univers statique et du présent universel n'existe pas, la percée technologique nous a démontré que l'univers est en expansion et qu'il n'existe pas à chaque endroit de l'univers un présent unique : on sait que depuis la théorie de relativité a été découverte et vérifiée, que le temps dans l'espace est différent de celui de la Terre. Pour les GPS les satellites doivent recalculer en permence la position d'une voiture par triangulation, car sinon il y aurait un décalage de 10 m sur la position de la voiture sur le GPS. Car la gravité terrestre est beaucoup plus forte au sol que dans le vide proche de l'espace, en effet plus la gravité est forte plus le temps ralenti. A l'approche d'un trou noir par exemple le temps est tellement ralenti qu'il semble être figé pour l'observateur extérieur, pourtant toute personne se situant à proximité d'un trou noir ne verrait aucune différence par rapport à la Terre. Sa montre continuerai de fonctionner normalement son rythme cardiaque, car dans son référentiel le temps est tellement dilaté que les objets qui les entourent en subissent les effets sans s'en rendre compte.

Tout comme la médecine actuel qui considére le corps d'un point de vue mécanique. Les médecins pour identifier un symptome se basent uniquement sur les substances chimiques et les gênes.

L'autre système de pensée en accord avec nos découvertes actuelles et prouvée : la relativité générale et la physique quantique en est totalement l'opposé. Cela nous apprends que tout ce que l'on considère comme matière serait en fait de l'énergie. La majeure différence entre ces 2 systèmes est que les forces invisibles (la conscience, l'esprit) jouent un rôle primordial dans la nouvelle vision de la biologie et de la médecine énergétique.

C'est l'invisible qui régit les régles de l'univers tout comme l'on sait que l'énergie est immortelle et qu'elle se transforme.

Jusqu'à l'âge de 7 ans on est en phase d'apprentissage et de mémorisation, cette phase régit 90% de nos prises de décision et de nos réflexions de tous les jours, si on prouve à une personne que la théorie de Darwin est fausse par A+ B elle ne sera pas convaincue car si cette personne enlève ce pan majeur de son apprentissage elle sera incapable de le remplacer par un autre raisonnement. Les dirigeants de ce monde sont au courant de cette capacité d'apprentissage et de mémorisation, leur programme scolaire est directement implanté de force, contrôle récitation dictée, et répétition de l'information. Le principe d'apprentissage sur le fond n'a pas de défaut particulier, mais lorsqu'on agit avec une intention qui n'est plus noble, alors cette méthode devient corrompue. Surtout quand on sait que les informations données ne sont plus valides. La personne issue de ce système de ce fait refuse, tout autre proposition invocant la toute puissance de la science contre les croyances populaires fantasmagoriques. Mais justement cette science toute puissante a été biaisée par des dogmes et autres pratiques pour diriger l'opinion publique.

Hors les scientifiques d'aujourd'hui arrivés en fin de carrière ou libre de toute institution osent dire des vérités sur ces dogmes biaisés, notemment depuis l'avénement de la physique quantique et la disparition du temps au niveau fondamental.

Aussi la matière de tout corps y compris le nôtre est composé à 99% de vide, ce vide n'est pas vide il contient toute l'information pour pouvoir reconstruire une cellule. En effet lors de la duplication l'information qui agence la molécule d'ADN provient d'une force invisible. Cette force est invisible tout comme la force d'interaction faible qui déclenche la nucléosynthèse dans les étoiles, nous démontre que plus de 99% de notre univers est invisible à nos yeux et que même au niveau microscopique ces forces sont invisibles. Pourtant on voit bien leur effets. Nous voyons que la surface des choses, mais même en voyant au travers des choses via des infrarouges nous ne voyons même pas 1% de ce qui est réellement présent devant nos yeux.

Equation énergétique de la vie :

Energie de départ

au niveau quantique (invisible)

$E = A(\text{antimatière})$ ou $B(\text{biophoton})$

$E = A(\text{antimatière})$ et $B(\text{biophoton})$ séparés

$E = A(\text{antimatière}) + B(\text{biophoton})$ fusionés

$E=(a+b)$ et $E=(a)+(b)$ $E=(a)V(b)$

$A + B + M(\text{magnétisme}) = EM$

$EM (\text{electro magnétique}) = G(\text{gravité}) \times H(\text{hydrogène})2$ (gravité + ions)

$M (\text{masse}) = (n \times H) \times D (\text{densité})$

au niveau atomique

$E = MC\,2$

au niveau général

$E = A$ ou B, $A + B = EM = T(\text{temps}) \times V(\text{vélocité}) / G = M$

$EM + SuSy(\text{supersymétrie}) + C(\text{célérité}) = ADN$

En définitive si nous savons que le temps n'est qu'un épiphénomène, de la complexité de toutes les couches énergétiques superposées allant de l'invisible au visible, nous pouvons affirmer que le temps est une régle de l'univers pouvant être contourné, tout comme une fusée qui s'échappe de la gravité terrestre, le temps terrestre n'est pas une barrière infranchissable, nous pouvons voyagez dans le temps aussi bien dans le passé et dans le futur, tout comme les électrons et les photons le font.

Comprenant cette structure de l'univers la conscience, en l'occurance l'esprit d'un être vivant n'est pas « créé » au moment de sa naissance mais bien avant. C'est la conscience qui s'incarne dans le vivant et non l'inverse. L'inivisible agence tout au départ et l'interaction d'un être vivant, avec la dimension temps n'est qu'illusoire car ses chemins possibles sont déjà tous tracés d'avance. Un homme peut avoir plusieurs futurs possibles plusieurs destinées en même temps, seul ses choix lui permettent de basculer d'un destin à l'autre.

Certaines théories actuelles prétendent que des univers parrallèles sont juxtaposés au notre ce qui voudrait dire, que nous avons un double de nous même dans chaque univers où nous avons fait un choix différent.

L'expérience ultime qui prouverait que le temps est une illusion, un épihénomène de la complexité parfaite de l'univers serait de voyager dans le temps et de rencontrer son double. Au niveau microscopique cette expérience est largement faisable, mais à notre échelle humaine cela demandrait beaucoup d'énergie et de moyen mais qui ne serait pas hors de portée de la civilisation du 21 éme siècle.

Le passé des étoiles brillent dans nos yeux au présent, pourtant en regardant les étoiles nous changeons le passé initial de cette étoile car le fait d'observer créé un phénomène et à la vitesse du photon de lumière le temps est égale à zéro.

La supposition du big bang n'est qu'une représentation linéaire et newtonienne de la création de l'univers, car nos découvertes nous apprennent que le temps n'existe pas et que l'illusion du temps qui passe est une dimension qui se propage dans l'univers et qu'on peut aisemment naviguer dessus une fois les moyens mis en œuvre.

Ce qui nous amène à cette synthèse finale : la vie provient d'une force énergétique invisible qui prend forme via les molécules de type ADN. Le programme d'un être vivant se trouve dans ses gênes.

Il faut voir l'apparition de la vie en se mettant de l'autre côté du miroir, évidemment si il y a un endroit il y a un envers. Et c'est de là d'où nous venons. Le présent aux premiers instant de l'univers connu et le présent actuel à l'instant où vous lisez ces lignes est le même. C'est une illusion, un effet inérant au divers couches superposables des forces créatrices énergétiques et électro-magnétique des éléments fondamentales. Dans le futur nous aurons des mirroirs nous permettant de voir les événements à venir et les voyant à l'avance nous pourrons agir en conséquences notemment lors des catastrophes naturelles. La mort d'une personne n'est que la fin simulée de sa ligne temporel et de la dégradation de son horloge biologique. Mais rien n'empêche dans la multitude de possibilité que propose l'univers que l'énergie qui anime nos corps nous permettent de voyager d'une époque à une autre, de vivre plusieurs fois et de différentes façons nos vies, et de choisir avec connaissance de ce livre le meilleur choix possible pour un futur heureux.

© 2019, Rosé, Lionel
Edition : Books on Demand,
12/14 rond-Point des Champs-Elysées, 75008 Paris
Impression : BoD - Books on Demand, Norderstedt, Allemagne
ISBN : 9782322189885
Dépôt légal : novembre 2019

www.ingramcontent.com/pod-product-compliance
Lightning Source LLC
Chambersburg PA
CBHW081815220526
45470CB00007B/2324